はじめてのアクアリウム

～熱帯魚の育て方と水草のレイアウト～

佐々木浩之 著

コスミック出版

ようこそ、
「アクアリウム」の世界へ——

熱帯魚の飼育は、自宅でゆっくりと素敵な時間を楽しめる素晴らしい趣味。魚だけにとどまらず、水草でレイアウトされた水槽は、自然な風景を自宅のリビングなどで楽しめてしまう。また、生物や植物の世話をある程度すると、ストレスが減少すると知られている。例えば、宇宙ステーションなど閉鎖的な空間で生活していると、やはり乗組員同士の口論があるそうなのだが、食用の野菜を育てるメンテナンスをすると、心が落ちついて口論の回数が少なくなることが実証されている。

美しい水槽を眺めるだけではなく、魚や水草の世話をして安らぎを感じてほしい。ぜひ熱帯魚飼育に挑戦していただきたい。

PART 1

いつもの日常に彩りを
はじめての

美しいネイチャーアクアリウム水槽。このような素晴らしい水槽の作成方法を丁寧に紹介していく。ぜひ挑戦していただきたい。

アクアリウムは水槽と言う限られた空間の中に、水中の生態系を再現してしまうこと。それが自然を感じられ、日常にはない美しさを届けてくれる。まずは、色々な作例を見て、自分の作りたい水槽をイメージしてみよう。

アクアリウム

AQUARIUM LIFE 01

75cmの大きい水槽でダイナミックなレイアウト

90cmのレイアウト水槽。このサイズになると大胆に流木をレイアウトすることができる。

大きいレイアウト水槽は水量がかなりあるため、様々な熱帯魚を飼育できるだろう。

状態の良い水槽は、水草が元気よく育ってくれる。おのずと熱帯魚の調子も良いはずだ。

石を上手に使用したレイアウト。
流木とは違う爽やかさがある。

AQUARIUM LIFE 02

60cm以下の水槽は 日常のインテリアに調和する

あまり手の込んだレイアウトでなくても、
可愛らしい熱帯魚が泳ぐだけで絵になってしまうものだ。

バックスクリーンが黒だと締まった印象になる。美しい魚たちもよく引き立つ。

小型のキューブ水槽はちょっとしたインテリアとして最適。ただし、キープするには手間が必要なのも知ってもらいたい。

AQUARIUM LIFE 03

グラスアクアリウムは遊び心ある飼育を楽しめる

可愛らしいグラスアクアリウム。
美しいベタに癒されてほしい。

グラスアクアリウムは狭い空間で表現するので、
センスが問われるといっても良い。

1匹のベタを飼育するのもアクアリウムだ。
大切に飼育してもらいたい。

AQUARIUM LIFE 04

水草レイアウトの基本をおさえ自然美あふれる空間を演出

スペースをうまく使ったレイアウト。たくさん植えるだけがレイアウトではない。

中心部に空間があると、水中なのに川のように見えるのが不思議だ。

ソード・テールが元気に泳ぐ水槽。水槽前面にスペースがあると見ていて楽しい。

水草が繁茂しているのに爽やかなイメージのレイアウト。熱帯魚の飼育も十分に楽しめる。

魚の生態を正しく知れば長生きできて繁殖も可能に

数多くの品種を見ることができるプラガット。手軽に飼育できる熱帯魚のひとつだ。

レインボーフィッシュの仲間は水草レイアウト水槽に最適。水槽を美しく彩ってくれる。

コンテストもあるショーベタは、見事な大きなヒレが魅力。自分好みの魚を見つけることができる。

オス同士で闘争するバタフライ・レインボー。
とても美しい瞬間だ。

ダリオの仲間はとても小さい魚だが、オス同士
は結構戦う。でも、それが美しい。

メスに求愛する、エンドラーズ・ライブベア
ラーのオス。繁殖を容易に楽しめる魚だ。

グッピーはアクアリウムになくてはならない魚。
数多くの美しい品種が楽しませてくれる。

はじめてのアクアリウム
～熱帯魚の育て方と水草のレイアウト～

CONTENTS

PART 3 飼育の方法 …… 37

PART 4 熱帯魚&水草図鑑 全400種 …… 49

COLUMN 1

熱帯魚とは

魅力溢れる熱帯魚を知ろう

カラフルで色彩豊かな魚だけが熱帯魚と思っている一般の方もいるのだが、亜熱帯から熱帯域に生息するすべての魚類は熱帯魚だ。そして、趣味の世界では一般的にその亜熱帯から熱帯域に生息する淡水魚を熱帯魚と呼んでいる。また、海水性の熱帯魚は単に海水魚と呼ばれることが多く、ショップなどでは別のカテゴリーとして扱われている。この本では、最も人気で飼育者の幅が広いペットフィッシュである淡水性の熱帯魚を紹介していく。

そんな熱帯魚達はどこからやってくるのだろうか。熱帯魚の多くは大きく南米、東南アジア、アフリカ、オセアニアの4つに分けることができる。中でもアマゾンで知られる南米と東南アジアが圧倒的な数を誇る。アフリカやオーストラリアにも魅力的な魚が多いが、少々マニアックな部類ではある。また、細かいところでは中米なども卵胎生メダカなどで知られ、多くの熱帯魚が古くから親しまれている。そして、ショップで手頃な価格で販売されている熱帯魚の多くが、主に東南アジアで養殖されたブリード個体だ。ブリード個体はアクアリウムの環境に馴染んでいるので、初心者の方にオススメできる魚達である。

熱帯魚を飼育してある程度の経験ができると、少々マニアックな魚も気になってくるはずである。現地採集個体は魅力的な種も多いので飼育するのはとても楽しい。ただし、ブリード個体が劣っているわけではなく、人気種だから養殖されているのも事実である。

PART 2

水槽の作り方

「いざアクアリウムを作ろう」と思っても何をすればいいのか分からず
初心者にはハードルが高すぎる…。と尻込みしてしまう方も
これを読めば大丈夫。最初に用意するものから設置の方法まで
順を追って詳しく解説するので、意外なほど簡単にアクアリウムが完成する。

1 アクアリウムの作り方

アクアリウムを楽しむ方法とは？

アクアリウムを楽しむためには、それなりの準備が必要だ。まずは、どんな水槽にしたいか、完成した水槽をイメージして進めていこう。それに伴い、どこにどの程度の大きさの水槽を設置できるのか。その水槽でどんな魚を飼育したいのか。その水槽を管理できて、良い状態をキープできるのか。それら様々なことを調べてから水槽機材を購入し設置することが大切になる。

水槽の大きさはできるだけ大きいものを用意したい。手軽さで小型の水槽に目がいきがちだが、小型水槽の維持は比較的難しいもので、少々経験がいることも事実。水量は多ければ多いほど安定するので、初心者の方はできれば45cm水槽以上でスタートしていただきたい。おのずとフィルターも大きいものを使えて水質の悪化も少なくなるはずだ。そして、ソイルを使用することもセット後の管理が楽になる要因だ。水草がよく育つ上、水質の安定にも役立ってくれる。ソイルは使用限界があって、ある程度の期間が経ったら交換する必要があるのだが、水槽のリセットも楽しいものなので問題ない。

飼育する熱帯魚もしっかりと選んで飼育していただきたい。最初のうちは色々と飼育したくなってしまうものだ。ショップで見ていると魅力的な魚が多いので無理もないのだが、あれこれと購入してしまうとごちゃごちゃした水槽になってしまう。雑多な水槽になると飽きも早いものなので、できるだけシンプルな水槽で進めていったほうが失敗が少なくなる。そのため、本書の図鑑ページやショップで、飼育する魚の選択をしっかり行なってから購入することが大切である。

最後に小型魚ももちろんだが、特に大型魚の飼育を考えているのなら、最後まで責任を持って飼育できるかが購入の絶対条件となる。放流行為など絶対に行なってはいけない。「殺すのはかわいそう」くらいの軽い気持ちで放流してしまう人もいるのだが、それがどれほどの悪かを考えてほしい。アクアリウムの趣味の存続に関わることなので、必ず守っていただきたい。

紹介する手順で進めればそれほど難しいことはないので、美しいアクアリウムを楽しんでいただきたい。

2

水槽の設置場所

魚のため、自分のために最良の設置場所を

基本的に、アクアリウム水槽を設置するのはリビングが多いことだろう。インテリアとしても最適なので、常に見ることができる場所にするのは素晴らしい。ただし、リビングのどこに置いても良いわけではない。できるだけ水槽の設置場所に適した所を選ぶことが大切だ。

まず、水槽の総重量はかなりのものになるので、しっかり安定した場所が必要。そのため、安価なラックなどの上には設置しない方が無難で、やはり水槽専用のアングル台を使用することをお勧めしたい。専用のものはフィルターの配管などもしやすいので、長く使用するにはとても優れている。

基本的に直射日光の当たる場所は避けることが大切。強い太陽の光は水温が不安定になったり、光が強すぎてコケの発生などが心配される。どうしても窓辺に設置するなら、光を和らげるカーテンやブラインドを使用してみるのも良いだろう。

できるだけ落ちついた環境に設置できると良いのだが、あまりにも人通りが少ないと人になれない魚達になってしまう懸念もある。また、水を多く使用する趣味なので、ホースを伸ばせたり、水道が近くにあるととても便利だ。例えば、二階に設置したものの水道や洗面所がなく、水換えのたびに水を運ぶ作業が面倒になって水換えの頻度が減ってしまうなどのことが出てきてしまう。メンテナンス作業がしやすい環境を選ぶのは、後のアクアリウム生活を楽しめるか否かの大切な選択になってくる。これらを踏まえて、バランスの良い場所を考えて設置場所を決めたい。一度設置してしまうと、なかなか水槽の移動は大変なものだから。

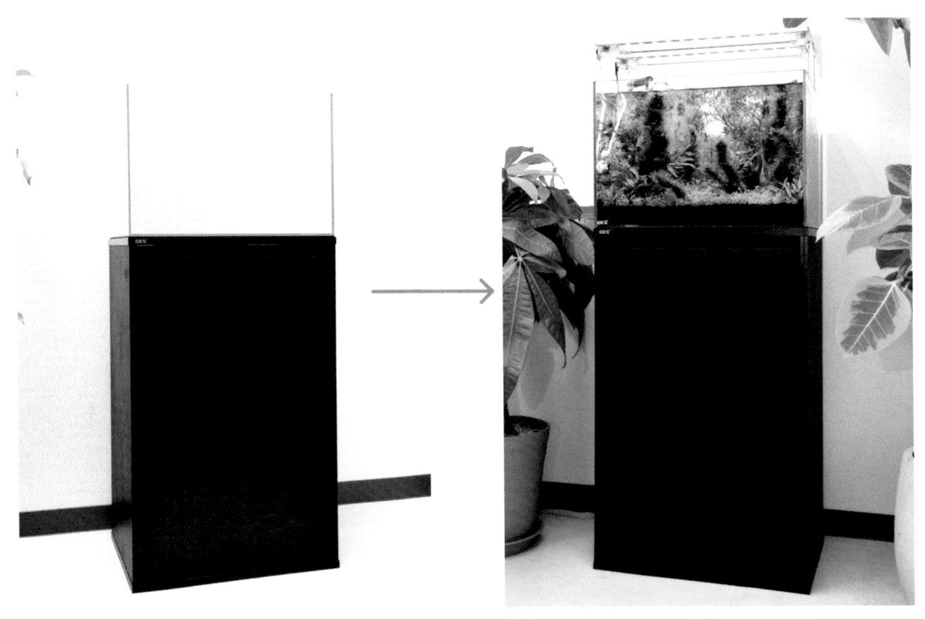

安定した場所に専用のアングル台を設置。

水換えやメンテナンスしやすい場所を選ぼう。

3

揃えておきたい熱帯魚の飼育機材

写真協力：GEX（☎ 072-966-0054）

熱帯魚飼育関連の機材は日々進歩している。数年前では考えられないようなアイテムもあり、熱帯魚の飼育がどんどん容易になっているのだ。とくに、照明機材はほぼLEDの時代になった。LED照明の初期は水草育生に不安要素もあったのだが、商品開発も進んで問題なく育生できる状況になっている。

しかしいくら飼育機材が進化したと言っても、それは適切に使用した時の話なので、自分の飼育スタイルにあった機材を選ぶことが大切となってくる。

水槽やフィルター

水槽
オールガラスのフチなし水槽がメインとなっていて、様々なサイズが販売されている。

フィルター
外部式フィルターがろ過能力が高くおすすめ。外掛け式フィルターの性能も高くなっていて使い勝手も良い。

水槽台
水槽はかなりの重量なので、専用のアングル台を使用することが大切。

水質調整剤やCO_2キット

水質調整剤

塩素除去やバクテリア、pH降下剤など様々なグッズが販売されている。とても便利なグッズなので、ぜひ活用したい。

CO_2キット

水草育生になくてはならないグッズ。水槽のサイズに合わせて選ぶと良いだろう。

照明器具やソイル・便利グッズ

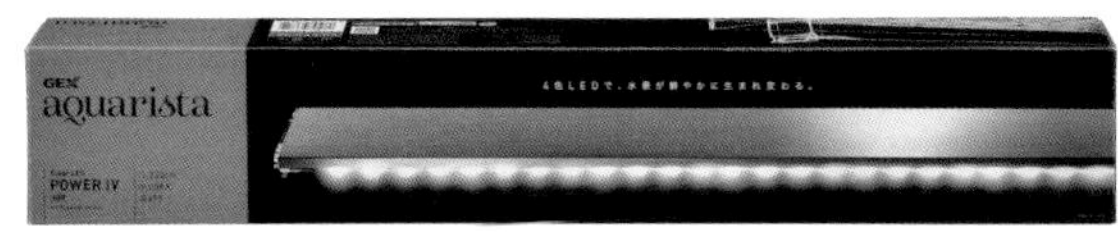

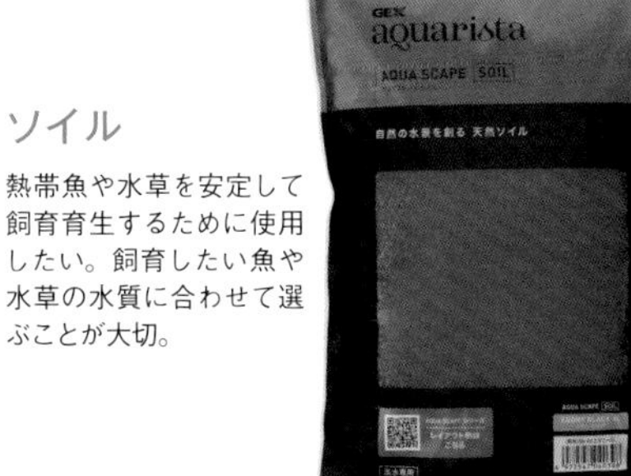

ソイル

熱帯魚や水草を安定して飼育育生するために使用したい。飼育したい魚や水草の水質に合わせて選ぶことが大切。

LED照明

魚を美しく鑑賞したり、水草育生になくてはならない。できるだけ高品質なLED照明を選びたい。

グラスアクアリウム・グッズ

グラスアクアリウム用のクリアLEDリーフグローなども販売されていて、かなり高品質なものになっている。

ピンセットやハサミ

あると便利なグッズ。水草の植栽には専用のものを使いたい。

4

熱帯魚に適した水とは？

飼育する魚に合わせた水を

熱帯魚を飼育するということは、「水を飼育する」といっても過言ではない。水生生物の飼育環境はほぼ水なので、熱帯魚飼育が上手な人は水を上手く扱える人なのだ。そのための水作りの作業やフィルター設備で、良い水質をキープすることが熱帯魚飼育の基本であり、また、最も失敗しやすい事柄でもある。そんな飼育水について、基本的な知識を身につけておくことはとても役立つことだろう。

アクアリウムでは三つの要素に気をつけると良い。「水温」「pH」「硬度」だ。水温はお分かりだと思うが、pHは水の水素イオン指数で、酸性やアルカリ性を示した数値。アクアリウムの世界で硬度と呼ばれるものは、カルシウムやマグネシウムなどのミネラル分が溶け込んでいる濃度。基本的に日本の水道水はpHが中性前後で軟水のことが多く、熱帯魚飼育に適しているといって良いので、それほど神経質にならなくても使用することができる。ただし、特殊な井戸水や、pHが高い地域や火山帯の山間部などでは硬度が高いこともあるので、イオン交換樹脂のフィルターを通したり、pH降下剤を使用してより良い飼育水を作ることが大切になる。現在、様々な水質調整剤やアクアリウム用の浄水器が販売されているので、自分にあったアイテムを使用するのはとても有意義なことだ。

そして、この水質は飼育する種類に合わせることが鉄則。pHや硬度を上げるも下げるも飼育魚次第なのだ。まずは、図鑑のページで飼育したい魚の生態を頭に入れて、水質が適した魚同志を飼育し、それに合わせた水作りを行って飼育をスタートさせることが大切だ。

水質の悪化については水換えのページで細かく説明していく。

美しいアクアリウム作りにとって水質の管理はとても重要な要素のひとつだ。

5

熱帯魚の混泳

混泳に向いている魚を選ぼう

水槽という閉ざされた空間では、好きな魚を何でも飼育できるわけではない。そんなひとつの水槽内で複数の種類を飼育することを「混泳」と呼び、穏やかで協調性のある魚は「混泳に向いている魚」と呼ばれている。魚食性の魚と小型魚を飼育できないのはもちろんだが、小型で臆病な魚や、適応できる水質が違いすぎる魚同士も一緒には飼育できない。特に、超小型の魚達は活発に泳ぐ比較的大きめの魚と混泳をしてしまうと、エサを食べられない状況になってしまう。自身が食べられてしまわない大きさであっても、エサを食べられなく痩せてしまうことも多いので、慎重に飼育魚選びをしたい。また、エビを主食にしている魚類は多いので、エビを投入する際も注意が必要だ。

混泳の向き不向きは種類間の話だけではない。同種の雄同士が激しく闘争してしまう種類も多いのだ。有名な魚だと、ベタの雄同士は激しく戦って相手を殺してしまうほどの縄張り争いをすることもある。ショップで小さな容器で小分けに飼育されているのはそのためだ。ペンシルフィッシュの仲間では、ナノストムス・エスペイなどは混泳に向いた種類で、群泳する姿を水槽内で楽しめる。しかし、ペンシルフィッシュの仲間でもアークレッド・ペンシルの雄は、同種間でかなり激しく戦ってしまう。弱い雄はボロボロになり、一番強い雄だけが発色をして美しい個体になる。

単独、もしくは単独種飼育が向いている魚を飼育したいのであればその魚を単独飼育し、混泳水槽を楽しみたいのであれば、混泳に向いた魚を中心に飼育することが基本である。まずは、飼育魚選びからスタートしてほしい。この魚選びがとても楽しい時間でもあるのだから。

混泳の際は、比較的性格が穏やかで協調性のある魚を選ぼう。
初心者にオススメなのはナノストムス・エスペイ。

美しい模様が特徴のベタは、雄同士が激しく戦って相手を殺して
しまう場合もあるので単独飼育が望ましい。

水槽の作り方 STEP 1

熱帯魚と水草の購入

熱帯魚の購入方法

現在ではネットでの生体の購入も容易になっていて、様々な販売者から購入することができる。ただし、生体はショップで自分の好みの魚を見て購入するのがベスト。できれば行きつけのショップを作ることをお勧めしたい。

1 実際の魚を見て購入するのがリスクを減らす要素。まずは下調べが大切だ。

2 信頼のできるショップなら、状態の良い個体をしっかりと販売してくれる。

3 しっかりとパッキングしてもらえれば、魚達を状態良く運ぶことができる。

水草の購入方法

水草も熱帯魚と同じで、状態の悪いものの立ち上げは難しい。しっかりと管理されている水草を購入しよう。熱帯魚よりはやく購入することになるのが水草なので、まずは生体購入の第一段階だ。

1 美しく水草が管理されている水槽があれば、そのショップの実力が分かかるはず。

2 セットする水槽の大きさを話して、相談に乗ってもらうことが大切だ。

3 水草が乾燥しないようにパッキングしてもらえる。

4 良いショップほど生体を丁寧に扱ってくれる。

注意したいポイント

魚の購入は水槽をセッティングして数日経ってからが鉄則。水質が落ちついてから購入すること。

水槽の作り方 STEP 2

水槽をセッティングしよう

飼育機材の発展によって、しっかりとした手順を覚えておけば熱帯魚飼育は難しいものではなくなっている。熱帯魚だけを飼育しても楽しいのだが、美しいレイアウトで飼育するのは格別。そんな水草を多く使用したレイアウトのコツを頭に入れておけば、完成度の高いレイアウト水槽を完成することができる。ここではプロのレイアウターが行なうコツを紹介していく。

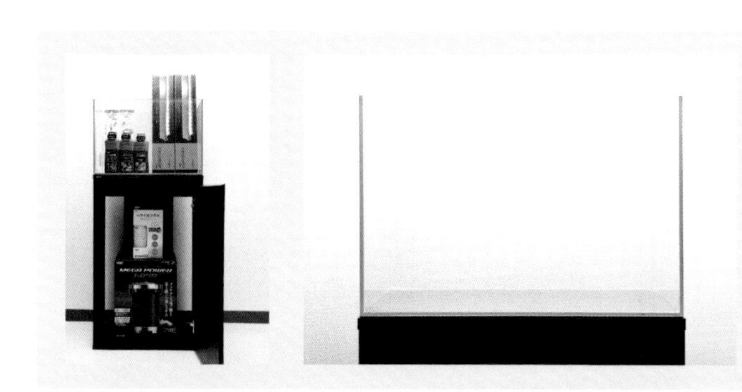

使用機材

- グラステリア450ST
- アクアラックウッド450
- メガパワー6090
- Ga CLEAR LED POWER Ⅳ 450
- 水草一番サンド
- Ga コンディショナー
- 発酵式水草CO2スターターセット

1 水草にソイルを入れる。ソイルは他の底床よりも深く敷くことをお勧めする。

2 ソイルを丁寧にならしておく。スクレーパーや三角定規などで行なうと上手くいく。

3 ソイルをならした状態。後ろをやや高くするのが一般的。正面からチェックしてみると良い。

4 お気に入りの流木を配置していく。今回は明るい色の流木を使用して、レイアウトをポップに仕上げていく。

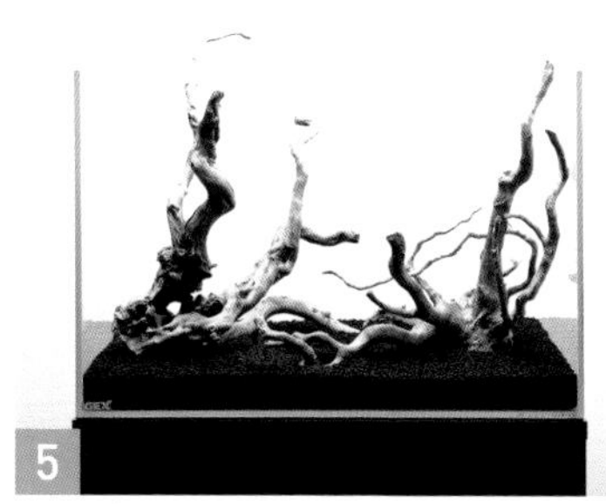

5 仮で流木をレイアウトした状態。配置を忘れないように、スマホなどで撮影しておくと良い。

注意したいポイント

流木の配置は、今後のレイアウトの良し悪しを左右する大切な工程。完成のイメージを大切にしたい。色々と試して最善の配置をみつけよう。

水槽の作り方 STEP3

水草の下準備

水草は購入してきて、そのまま使用するわけではない。水草ファームやショップなどでは、水草を管理しやすいように鉛巻きやポットに入って販売されている。これらを外したり、レイアウトしやすいようにトリミングなどの下準備を行なうことが大切だ。また、最近では組織培養の水草が見られ、軽く水で流すだけで植栽できるものも販売されている。

用意したもの

- ロタラ・ロトンディフォリア・セイロン
- クリプトコリネ・ウェンティーグリーン
- グロッソスティグマ
- ウィローモス

有茎草の準備

有茎草は、板重りなどで本数をまとめて販売されている。これは販売目的だけのためであって、レイアウトをするときは必ず外して準備する。また、レイアウトする配置によって長さを揃えておくと良い。やはり完成をイメージすることが大切だ。

1 購入してきた状態のロタラ・ロトンディフォリア・セイロン。

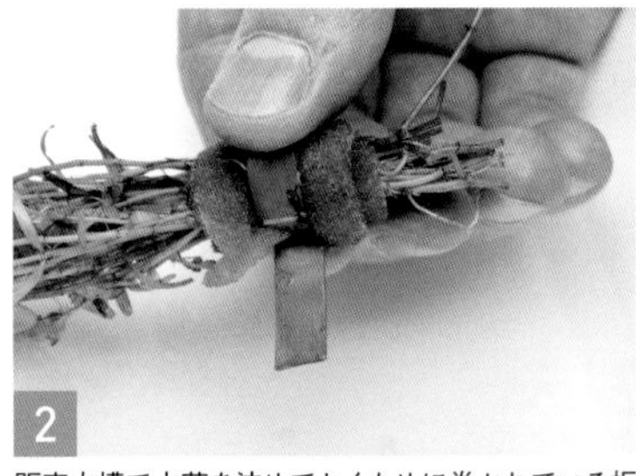

2 販売水槽で水草を沈めておくために巻かれている板重りを外す。

3 重りを外した状態。このとき、根などの状態をチェックしておこう。

4 最初の段階で、長さで分けておくと良い。傷つかないように丁寧に行うこと。

5 長さを揃えてカットする。茎の下を切るのが鉄則。

6 長さを揃えて準備完了。水草が乾かないように、霧吹きや新聞紙を濡らしてかけておくと良い。

ロゼット型水草の準備

有茎草とは異なり、プラスティック製のポットで販売されていることが多い。そのため、ポットとウールを外して準備するのだが、雑に扱うとロゼット型の最も大切な部分を傷つけてしまうので、丁寧に行なっていく。

1 クリプトコリネなどのロゼット型の水草は、多くがこのような状態で販売されている。

2 ゆっくりとずらしながらポットを外す。根が絡まっている場合は、ハサミで根をカットしてから外すとよい。

3 水草をに巻かれているウールをほぐしていく。水草を傷つけないように、大まかに手で外すと良い。

4 根に絡まっているウールをピンセットでゆっくり取り除く。水で流しながら行なっても良い。

5 ポットから取り外した状態。

6 大抵が1株ではないので、植栽しやすいように株を分けておくことが大切。

前景草の準備

前景草として最も人気が高いグロッソスティグマを下準備する。今回は組織培養のものを使用した。組織培養の水草は、すぐに使用できるので下準備も簡単だ。ただし、植栽は細かい作業になるので、丁寧に準備することでその後の効率が良くなる。

1 組織培養のグロッソスティグマ。軽く洗う程度ですぐに使用できる。

2 パックから取り出した状態。この状態のまま使用することはないので、植栽しやすいように下準備していく。

3 グロッソスティグマを細かくほぐして使用する。ピンセットで摘みやすい大きさにすると良い。

4 小さな水草なので、切れてしまわないように丁寧にほぐそう。

5 手間のかかる準備だが、植栽がスムースにできるようにすることが後のストレスを減らしてくれる。

ウィローモスの活着方法

ウィローモスは水景を自然な雰囲気にしてくれるアイテム。水中苔の仲間は、水草レイアウトになくてはならない存在で、流木以外にも石などに活着せても良い。流木でも石でも、丁寧に作業することで活着の出来栄えが違ってくるので、このような方法で巻いていくことが大切。専用の糸を使うことで自然に見えるので、使用することをお勧めしたい。また、流木はあらかじめ水につけておくと浮き防止になる。

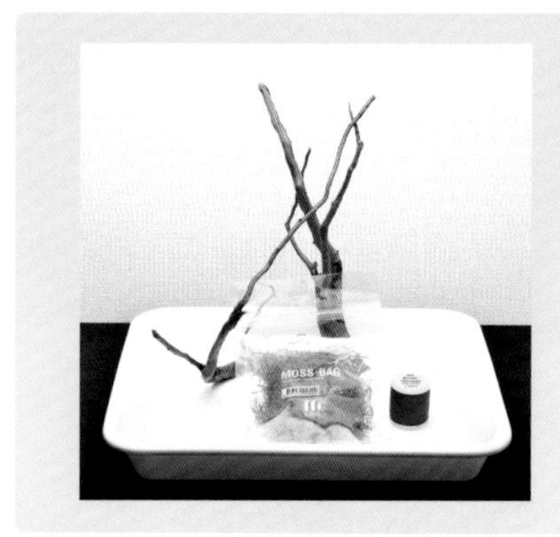

用意したもの

- レイアウトに仮置きした流木
- ウィローモス
- モスコットン(木綿糸)

1 仮置きした流木の、ウィローモスがあったら良いと思ったイメージの場所に置いてみる。

2 流木の根元の部分から先端に向かっていてモスコットンを巻いていく。

3 先端の部分で余ったウィローモスを、折り返して流木に巻きつけてしまう。

4 根元まで折り返して巻き終わったら、糸を切ってチェックしてみよう。

5 巻き終わった後に、飛び出しているウィローモスをカットする。長さを均一にしておいた方が仕上がりが良い。

6 ウィローモスの活着終了。流木の全体に巻いてしまうと、流木の魅力がなくなってしまうので、部分的に巻くと良い。

水槽の作り方 STEP4

水草の植栽から熱帯魚の投入

いよいよ水草を植栽して、水槽をレイアウトしていく。センスや経験のいる作業ではあるが、ある程度のコツを頭に入れておけば難しいものではない。プロのレイアウターが行うテクニックを参考にして、自分のイメージした水槽に近づけるようにしていきたい。下準備もしっかりできていると思うので、まずは植栽をスタートしていこう。

1 ウィローモスを活着させた流木を元に戻す。この流木の配置がレイアウトの完成度を左右するので慎重に行う。

2 流木をセットしたら後方にソイルを足す。レイアウトのメリハリにもなるし、流木の固定にもなる。

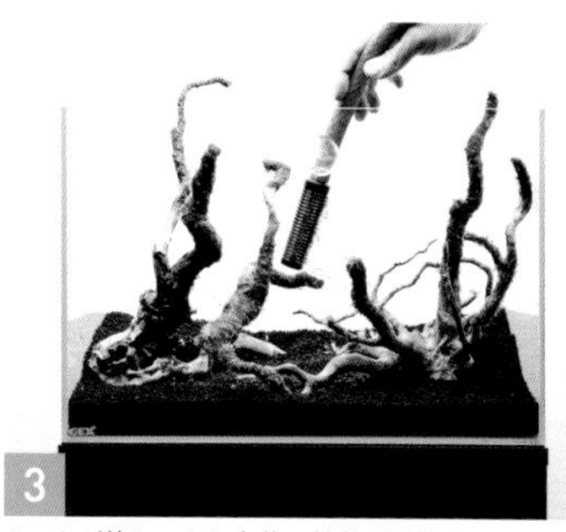

3 セットが終わったら水草の植栽を開始するので、水を撒いてソイルに水分を吸収させる。

4 前景草のグロッソスティグマを植栽していく。細かく準備したものをバットなどに置いておくと作業しやすい。

5 前景草の生長を計算して、ある程度の間隔を空けて植栽するのが良い。

6 前景草がある程度植栽できたら、サイドなどのポイントにクリプトコリネを植栽する。

7 流木の隙間などにクリプトコリネを植えると、より自然なレイアウトに仕上がる。バランスを見ながら植栽しよう。

8 後景に有茎草を植栽していく。下準備をした長さを見て、短いものを手前から植えるとよい。

9 斜め上から見た状態。途中で色々な角度からバランスを見てみると良い。水を入れた時の様子を想像しながら植栽していく。

水槽全体のバランスを見たら、さらに有茎草を植栽していく。ボリュームを出す感じで進めている。

レイアウトのポイントとなるミクロソルムを配置。有茎草に比べて生長スピードが遅いので、それを考慮する。

全ての水草の植栽完了。上から見るとバランス良く植栽されているのが分かる。

植栽の終わった水槽に水を入れていく。浄水器を通したり、汲み置きした水でできればベスト。

ソイルの濁りが強いようなら、水を抜きながら行うと良い。あまり水圧を強くしてレイアウトが壊れないように行う。

水入れ完了。もし、流木が浮いてしまうようなら、写真のように石をお守りにして様子を見る。

外部フィルターをセットする。メガパワー6090は水中ポンプがあるので、うまく隠れるようにセットすると良い。

パワーモーターをセットした状態。有茎草が生長すればブラインドになってくれる。

シャワーパイプでも良いが、今回は拡散吐出口をセットする。

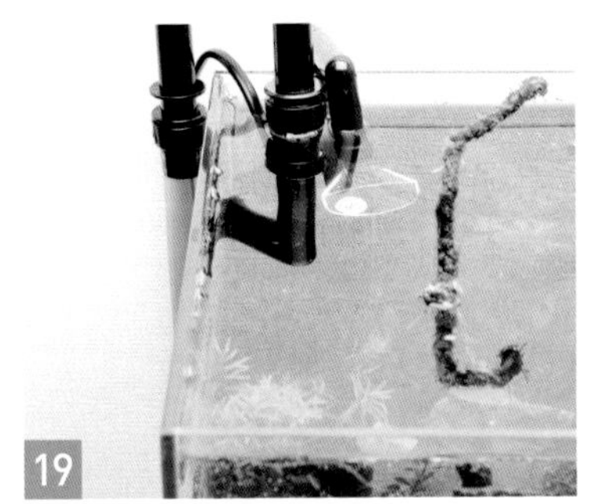

拡散吐出口をセットした状態。程よい水流で、水の揺らめきが楽しめるだろう。

アングル台の下に置いたフィルターにホースを通す。ちょうど良い長さでカットして使用する。

フィルターのセット完了。電源を入れて水を回してみよう。

22
ヒーターをセットする。パワーモーターの逆サイドに設置した。

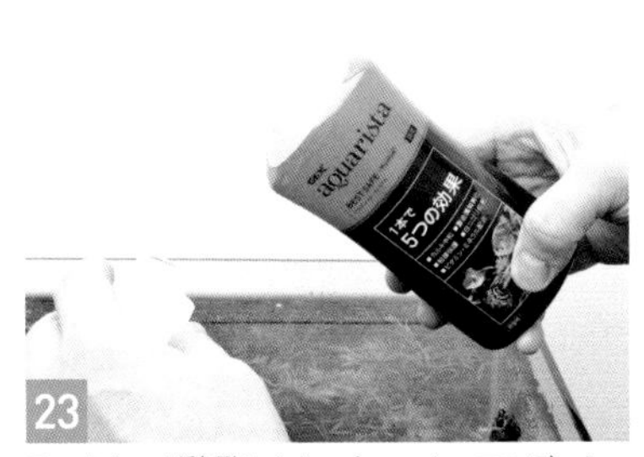

23
フィルターが稼働したら、ウォーターコンディショナーを使用して、より良い水を作る。

24
水流が出ると植栽などで出たゴミが浮いてくるので、ネットで取り除こう。

25
最後にLEDライトをセットする。今回はGa CLEAR LED POWER Ⅳ 450を使用した。

26
植栽までのセッティングが完了。とても良い状態にレイアウトできた。熱帯魚を投入するまでは、2〜3日は水を回して安定させたい。

27
水槽が安定したら、購入してきた熱帯魚やエビを投入する。ただし、いきなり水槽に入れるのはご法度。

28
まずはパッキングごと水槽に浮かべて、パッキング内の水温と水槽の水温を徐々に合わせていく。

29
パッキングのゴムを外して、水を入れやすいようにセットする。

30
水槽の水を少しずつ入れて、水質を徐々に合わせていく。くれぐれも慌てずにゆっくり行なおう。

31
だいたい水温が合ってきたと感じたら、袋を横にして魚が自力で水槽内に入っていくのを見守ろう。

32
魚やエビが入ったら全ての工程が完了。ただし、魚が落ち着くまではエサを与えないようにしたい。さぁ、これからが熱帯魚飼育の始まりだ。

グラスアクアリウムを作ってみよう

一見簡単そうに思える水槽だが、実はレイアウトやメンテナンスに経験が必要なシステムでもある。自身のスタイルが整うまでは、この手順通りに進めてみよう。

手軽なアクアリウムとして人気となっているグラスアクアリウム。だれでも容易に楽しめる水槽だが、コツを掴んでおかないと失敗してしまう可能性もあるので、基本的な方法はしっかり頭に入れて飼育をスタートさせたい。また、フィルターを使用しないシステムなので、飼育する魚の数は少ない方が無難。完成後のメンテナンスをしっかり行うことが大切で、定期的に水換えを行い状態良い水質をキープして楽しもう。

用意したもの

- グラスアクアリウム ティアー
- リーフグロー
- トロピカルリバーサンド
- ミクロソルム・トライデント活着流木
- ハイグロフィラ・ロザエネルビス
- ピグミーチェーンサジタリア
- オレンジ・ミリオフィラム
- アマゾンチドメグサ

1 トロピカルリバーサンドを入れる。水草の種類によってはソイルでも良いだろう。

2 最初は底床を深くした方が水草を植えるのが楽。慣れるまでは水草に合わせて深さを調節しよう。

3 活着させる前の流木を入れてみる。流木の高さが高すぎると活着させづらいので注意。

4 あらかじめセットする角度を決めておく。その際、水草を活着させるイメージを固めておこう。

5 ミクロソルム・トライデントをイメージした場所に置いてみる。しっかりと正面を決めるのが大切。

6 ミクロソルム・トライデントをビニールタイで流木に固定する。捻ってキツくなく締め付ける。

7 ミクロソルムを固定した流木をセットする。伸びすぎている葉などはトリミングしておくと良い。

8 水草を植えやすいように、流木の裏に底床を足してみた。入れすぎないように少しずつが鉄則。

9 流木をセットした状態。正面からチェックしてバランスをとろう。

10 中和剤などでカルキ抜きした水を入れる。水草も入っているので水温も25℃前後に合わせておく。

11 用意した水草を植え込んで行く。必ずピンセットを使用して、丁寧に行なうことが大切だ。

12 ライトを設置して完成。魚を入れるまでは数日間様子を見る。この後のメンテナンスもしっかり行ないたい。

COLUMN 2

単独飼育も楽しいアクアリウム

マニアックな方におすすめの単独飼育

水草が繁茂したレイアウト水槽だけがアクアリウムではない。マニアックな熱帯魚好きは、飼育魚単体で飼育することが多く、その魚の飼育だけを突き詰めた熱帯魚飼育の原点とも言えるスタイルだ。底床や水草を植えることもなく、スポンジフィルターだけで飼育するスタイルもあるのだと知っていただきたい。特にブラックウォーターと呼ばれる赤茶色の水に生息する魚の飼育は、お世辞にも美しいインテリアとは言えない水槽だとは思うが、そんなブラックウォーターの中で、一瞬輝く瞬間の魚のために大切に飼育するのも楽しいものだ。そんなマニアックな世界なのだが、ブラックウォーターを作るグッズなども販売されていて、多くのアクアリストが楽しんでいる趣味でもある。

最初は色々な魚を水草レイアウト水槽で飼育していたとしても、いつの日かマニアックな魚の魅力に惹きつけられて、小型の水槽を並べる日が来るのではないだろうか。

ヤシャブシはカバノキ科ハンノキ属の落葉高木。その実は多くのタンニンを含んでいて、水の色付けに適している。

PART 3

飼育の方法

熱帯魚や水草を飼育する上で、欠かせないのはその育て方について学ぶこと。
ただエサを与えたり光合成をさせるだけではなく、飼育には様々コツがある。
ここではそのような熱帯魚の生育から育て方など解説していく。

1 エサの種類

飼育魚に合わせたエサを選択する

熱帯魚飼育でとても楽しい時間に給餌の時間があり、元気よくエサを食べている姿は飼育者を癒してくれるものだ。また、肉食魚などの迫力ある捕食シーンは、最初は苦手に感じる人も多いが、エサを与えるうちにだんだん見慣れてくるという人が多い。

エサの種類は、基本的には人工飼料と生き餌に分けられる。一般的な熱帯魚は人工飼料で十分に飼育可能で、近年ではどれもバランスの良い高品質なエサなので、メインのエサとして申し分ない。各メーカーから様々なものが販売されているので、魚種によって合わせてあげたり、繁殖の時など用途による選択が好ましい。熱帯魚を購入する際にはショップにエサの質問も同時に行なおう。ショップオススメのエサは、すでにそのエサに慣れているなど利点もあるので、しっかりと聞いておきたい。

生き餌の代表としては、イトミミズやブラインシュリンプの幼生がある。イトミミズは栄養価が高く、購入時などの状態の立ち上げに優れている。また、ブラインシュリンプの幼生は稚魚のエサとしてはもちろん、成魚のエサとしてもとても優れている。肉食魚や大型魚のエサとしては、メダカや金魚、ザリガニやドジョウなどの淡水魚も多く販売されている。そして、冷凍アカムシなどの冷凍餌はとても便利なエサである。最近ではエサ用の乾燥虫も多く販売されているので、それらを使用してみるのも良いだろう。

色々なエサ

人工飼料
最もポピュラーなエサ。バランス良く栄養配分をされているので、これだけで十分飼育可能な万能エサ。

冷凍アカムシ
ユスリカの幼虫が冷凍されたもの。そのまま与えることができ、最も使いやすい生き餌。

イトミミズ
とても栄養価が高く、魚達の食いつきが抜群に良い。販売店が少ないのと、キープするのに水を汚すのが難点。

ブラインシュリンプ
幅広い用途があるエサ。乾燥した耐久卵で販売されているので、塩分濃度のある水で孵化させる必要がある。

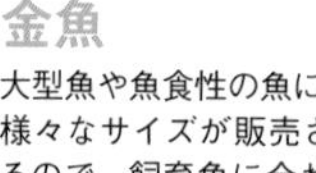

金魚
大型魚や魚食性の魚に与える。様々なサイズが販売されているので、飼育魚に合わせて購入できる。

2 エサの与え方

エサの与え過ぎに注意

最初はついついエサを与え過ぎてしまう方も多いのだが、与え方には十分気を使ってもらいたい。エサの与え過ぎは太って魚の体形が崩れてしまうばかりでなく、残ったエサは水質の悪化につながるからだ。エサは少量をこまめに与えるのがベストであるが、時間的に難しいと思われるので、朝夕の2回与えるのが一般的だ。ただし、ライトを点灯したばかりの朝や、夜に与えてすぐに消灯するのは避けたい。できれば1～2時間程度は時間を取ると良いだろう。この時間が状態をチェックする良い機会でもあるので、十分に楽しみたい。もし、給餌時間が不規則になってしまうのであれば、自動で給餌できるフードタイマーもお勧めできるアイテムだ。

魚種によっては同じエサを与えていると飽きてしまうこともある。つねに2～3種類のエサを用意して、ローテーションしてあげるのも良い方法である。

そして、人工飼料と言っても、開封すると酸化することも知ってほしい。開封した時点からどんどん栄養価がなくなってしまうと考えて良いのだ。パッケージに書いてある消費期限はしっかり守ってもらいたい。お得だからと言って大きなパックを購入して使い続けるのは避け、できるだけこまめに購入して新鮮なエサを与えることがとても大切である。

また、人工飼料を食べる小型魚でも、ブラインシュリンプの幼生やイトミミズを与えてあげたい時もある。生き餌の食いつきの良さは素晴らしいものがあるし、栄養価も高いため、購入時の状態の立ち上げや、繁殖時などに与えることも良い使い方と言える。

残ったエサは、水質の悪化につながるので、こまめに与えてあげよう。ただし与え過ぎに注意。

3 水換え方法

良い水質をキープする大切な工程

熱帯魚や水生生物を飼育するとき、必ずしなくてはならない作業が水換えだ。「このフィルター、このバクテリアを使用すると水換えしなくて良い」「水換えはしない方が良い」など、色々な誘惑も聞こえてくるかもしれないが、必ず行うことが鉄則だ。もし水換えをしたくないのなら、水生生物の飼育は諦めたほうがよい。この手間を楽しむのも熱帯魚飼育なのだから大切にしてもらいたい。

熱帯魚の飼育をスタートすると、一週間程度でエサの食べ残しや糞、呼吸による排出されたアンモニアが出てくる。このときフィルターがしっかりと機能していてろ過バクテリアが働いてくれると、熱帯魚にとって有毒なアンモニアを亜硝酸塩にしてくれる。この時点であまりバクテリアが活発でなかったのなら少量の水換えをしてアンモニアを除去してあげるのも効果的な時がある。

そして、2〜3週間程度たつと亜硝酸塩が増えて少々コケが出てくる状況になることもある。一ヶ月程度経つと、バクテリアによって亜硝酸塩から硝酸塩に分解され、硝酸塩を水換えによって少なくすることが大切である。硝酸塩を分解してくれるバクテリアも存在するが、そのスピードは遅いので、水換えを行うのが最も有効的である。熱帯魚にとって有毒な物質を取り除く大切な工程が水換えなのだ。

フィルターの清掃も大切

有害なアンモニアから亜硝酸塩、亜硝酸塩からある程度無害な硝酸塩にする工程が生物ろ過と呼ばれるフィルターの効果である。単にバクテリアと呼ばれているが、このバクテリアは好気性生物と呼ばれ、好気性生物は酸素を必要とするので、フィルターが目詰まりをおこして酸素の供給が悪くなるとろ過能力が低下してしまう。そうなると酸素を必要としない別のバクテリアである嫌気性生物が活発になってヘドロのような悪臭になって水質が悪化するのだ。

水換えと同時にフィルター清掃を行なってしまうと、バクテリアの数が極端に低下して水槽が初期状態になってしまうこともあるので、ややずらして行うと良い。

まずはコケ取りをしよう

1
水槽内の栄養価が高くなってしまうと、ガラス面などにコケが繁殖してしまう。せっかくのアクアリウムが台無しになってしまうので、こまめにコケ取りを行なおう。

2
プラスティク性のスクレーパーや専用の器具を使用してコケを取ると楽だ。持ち手が長いと水に濡れることもない。

3
しっかりガラス面の下まで取ろう。水中にコケが散乱するので、コケ取りをした後に水換えを行うのが効率的だ。

水換えの手順

1 ホースを使用してバケツなどに水を抜く。魚を吸い込まないように注意して行なう。

2 三分の一程度水を抜いた状態。水換えの頻度に応じて、三分の一から半分程度変えるのが良いだろう。

3 ここでは浄水器を通した水をホースで入れている。浄水器がなければ、カルキ抜きした水をバケツなどでゆっくり入れる。

4 あまり急激に新しい水を入れないようにし、ゆっくりと水を入れていこう。

5 水換え完了。余裕があれば水質のチェックもしておくと安心で、今後の作業の参考になる。

4 水草の育生とトリミング

水草の育生方法

育生の容易な水草は、基本的な熱帯魚飼育機材で問題なく育生できる。しかし、少々難しい水草であったり、美しく水草をレイアウトするのであれば、水草に適している機材を使用する事をおすすめする。ただし、それほど難しいものではなく、ほとんどの飼育機材が両用のもので、それら高性能の機材で熱帯魚飼育をスタートすることは熱帯魚にとってもメリットが多いことだ。

まず、大切なことは水草育生に適したソイルを使用すること、これは熱帯魚にも良い状態に保てることが多いので、ぜひそれらソイルを選択したい。また、外部フィルターを使用することも大切だ。エアレーションをしないため二酸化炭素が逃げないうえ、ろ過能力も高いので必ず使用したい。そして、植物に大切なものに光がある。高性能のLEDを使用することで水草の育生が順調になり、熱帯魚も美しく鑑賞できるはずだ。

水草育生専用のアイテムとして使用したいのが、二酸化炭素添加システムと水草専用の肥料だ。水草の光合成には二酸化炭素が不可欠。育生の容易な水草は問題ないのだが、育生が難しかったり、水草を美しくするためには二酸化炭素添加機材を使用したい。二酸化炭素を添加するのとしないのでは、水草の生長が全く違ってくるはずだ。また、ソイルだけでは補えない肥料分は、液体肥料や根元に使用する固形肥料を使用することも水草にはとても効果的である。

水草のトリミング

陸上のガーデニングや盆栽と同じように、水草も伸び過ぎてしまったらトリミングを行う。トリミングを行うことで美しいレイアウトを維持するのだ。特に有茎草の生長は早いので、水面を覆ってしまうと美しくないだけではなく、前景草に光が当たらなくなってしまうなどの弊害がある。

二酸化炭素を添加する

1 拡散器をセットする。二酸化炭素を効率よく添加する大切なアイテム。

2 今回はとても手軽な発酵式CO2キットを使用した。まずは二酸化炭素の添加に慣れてから色々使用してみるのも良いだろう。

水草のトリミング方法

1

セッティングページの水草が、レイアウトから1ヶ月を過ぎた状態。だいぶ水草が伸びてきたので少々トリミングを行なった。

2 後景草のトリミング

まずは後景の有茎草からトリミングしていく。ある程度ざっと行なって、あとで長さなどのバランスを調整すると良い。

水草トリミング用のハサミを使用すると効率よく作業できる。

3 前景草のトリミング

前景草をトリミングしていく。水がこぼれやすいので、少々水量を減らして行うのが良いだろう。

前景草のトリミングは細かい作業なので、何度か正面からチェックして行なうと良い。

4

トリミングをした水草は、多いようであれば手で取ってしまっても良い。この際、植えてある水草を一緒に抜かないように注意したい。

5

細かいゴミはネットで取る。8の字を描くように使うと、一度掬ったゴミが戻らなくて良い。

トリミングされた水草

6

トリミングした水草は捨ててしまっても構わないのだが、差し戻しても良いし、別の水槽に使用すると経済的だ。

完成!

5 熱帯魚の病気

病気にさせない環境作りが大切

熱帯魚を飼育していて、最も避けたいことが魚を病気にさせてしまうこと。生き物を飼育する以上避けて通れないものなのだが、一度かかってしまった病気を完治させるのはとても難しいので、まずは病気にならないよう日々予防を心掛けるのが大切で、そのほうが簡単と言える。病気が発生するほとんどは、水槽の環境が悪くなってしまったからで、水槽の水質安定が最大の病気の予防なのだ。

病気が出やすい環境は色々あるのだが、特に新しく購入してきた魚を、そのまま水槽に入れたときは要注意である。トリートメントをしっかりしているショップならば大丈夫であるが、輸入したての魚を水槽に入れるのは避けたい。水槽の置き場所に余裕があれば、「トリートメント・タンク」と呼ばれる購入してきた魚のトリートメントに使用する水槽を用意するのが最も安全で良い方法だ。

万が一病気にかかってしまったら、早期発見することが大切になってくる。そのため、つねに魚の状態を見ながら飼育したい。体表や目、ヒレの状態などを日頃からチェックしよう。状態の悪い魚を発見したら、速やかに隔離すること。別の小型水槽を用意するのが最も良いのだが、プラケースなどでも良いので隔離したい。症状がひどいのなら、かわいそうだが処分した方が他の魚のためにも良いこともある。そして、発病した魚の処置が終わってもそれで終わりではなく、水槽の環境の改善をしなくてはいけない。病気が出たのは環境が悪かったことがほとんどなので、他の魚のために水槽の環境の改善をしておかなくては、すぐに他の魚が発病するだろう。水質が著しく変化して魚にストレスがかからないように、こまめに少量ずつ水換えをしよう。また、フィルターの目詰まりなどもチェックしたい。

魚の状態が良くない場合は薬品を使用する。しっかりと説明書を読み、指示された量を使用しなければならない。使用量を間違って多く入れてしまうと、発病していない魚までいとも簡単に殺してしまうことになる。特にナマズ類は薬品に弱いので、指示量よりも少なめに使用しなければ死んでしまうことも少なくない。最初のうちは、ショップなどの経験豊富な人にアドバイスをもらうと安心である。

白点病

水温や水質が急変したとき、特に低水温のときに見られる病気で。体に白い小さな白点が付着し、症状が悪化すると体全体が白点で覆われてしまう。この病原体は高水温に弱いので、水温を30度ぐらいに上げると良い。また、薬品のグリーンFや0.5パーセントの塩を入れ治療する。ヒーターを外した春から初夏、水温が低下しだした秋に発病しやすくなってしまう。

尾腐れ病(ヒレ腐れ病)

低水温のときや移動などによって擦れた場合、他の魚に咬まれた時などに傷口から発病する病気。ヒレや唇が白くなり、症状が悪化するとヒレがすべて溶け、尾筒にまで進行する。こうなると手のほどこしようがないので、治療法は、初期状態のときに塩やフラン剤系の薬を使用して薬浴するのがよい。

水カビ（綿かぶり病）

名前のとおり、ちょっとした傷に病原体が寄生し、綿をかぶったようになってしまう病気。他の魚にいじめられている魚がいたり、網ですくったときに暴れて傷ついてしまったりしたら、予防として薬品を投与した方が良いかもしれない。初期状態のときに塩やグリーンFなどを使用して薬浴するとよいだろう。

エロモナス症

松傘病やポップアイ、穴あき病をおこす、細菌性のやっかいな病気。一度かかってしまうと完治するのは難しく、効果的と言われるパラザンなどを使用しても見込みは薄い。水槽の環境悪化などの飼育ミスが原因なので、そうならないよう予防し、かからないようにするしかない。どの病気もそうだが、予防が大切である。

ウーディニウム症

コショウ病などの鞭毛虫類がおこす病気。白点病より細かく黄色みが強い小点が現れる。塩などによって治療することができるが、まれに、治らない厄介なコショウ病があるので気をつけたい。やはり、水質などの環境改善が必要。日頃の水換えを頻繁に行なって予防に努めたい。

イカリムシやウオジラミ

金魚などの他の魚によって持ち込まれる寄生虫。肉眼でも発見することができ、見つけたらピンセットなどで取り除いてあげると良い。生虫駆除用の薬品も市販されているので、使用すると良いだろう。しかし、生虫駆除用の薬品は強いものが多いので、規定量よりも少なめに使用した方が良いだろう。

6 繁殖について

新しい命が誕生する瞬間は感動的だ

熱帯魚飼育の最大の喜びは繁殖にあると言っても過言ではない。そして、飼育者が魚をどこまで状態良く飼育しているかを見極める判断材料として、“繁殖の成功”で判断できるかもしれない。

熱帯魚の一番美しいとき、それは婚姻色を見せる繁殖行動のとき。繁殖行動までもっていけるかどうかが飼育者の腕の見せ所であり、やり甲斐でもある。熱帯魚飼育の最大の魅力は繁殖を行ったときに解ると言っても過言ではないのだ。

まず、繁殖には良いペアを探すことから始まるのだが、理想は数匹購入して、自然とペアになった個体をブリーディング用の水槽に移すのが理想である。または、ショップで良いペアになりそうな個体を選んでもらうと良い。ただし、卵胎生メダカの仲間のような繁殖が比較的容易な魚は、混泳水槽でも十分に繁殖が可能だ。産まれた仔魚が他の魚に食べられないように、水草を多く植えたような隠れ場所があれば大丈夫。

そして、ペアをじっくり飼育して繁殖行動までもって行けたら、次は稚魚のエサの問題である。ここが一番重要と言っても良く、ブリーディングが難しいとされているのは、エサの問題であるかもしれない。基本的に生まれたばかりの稚魚は、普通に親に与えているエサは大きくて食べることができない。そこで稚魚用のエサを用意してあげるのだ。最も理想的なのは、ブラインシュリンプの幼生を用意することである。たいていの稚魚はこれで大丈夫なのだが、ちょうど稚魚に与える時間と、ブラインシュリンプが孵化する時間を合わせなくてはいけない。時間が経ってしまうと幼生は大きくなってしまうし、栄養価が少なくなってしまうのである。ブラインシュリンプは小型魚の親にとっても良いエサなので、普段から与えて練習しておくと良いだろう。また、稚魚用の人工飼料も販売されているので、それらも活用したい。

ベタ・フォーシィの産卵

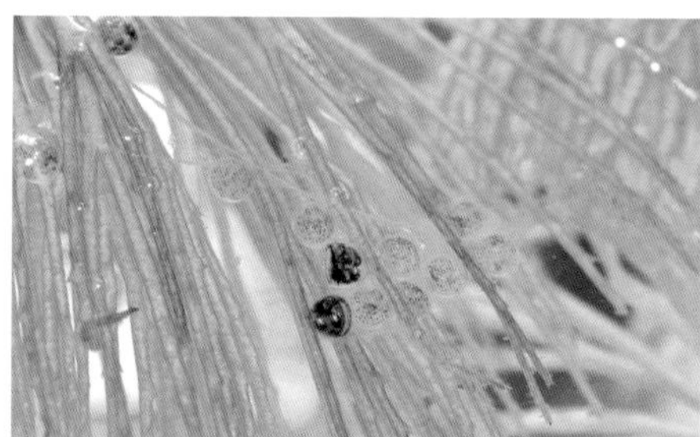
オリジアスの卵

オリジアスの稚魚

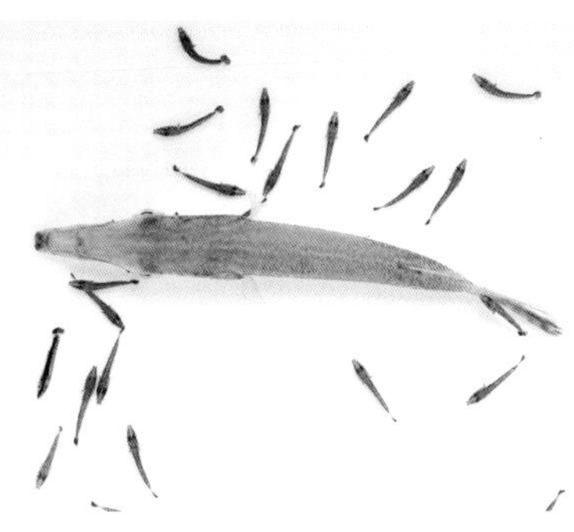

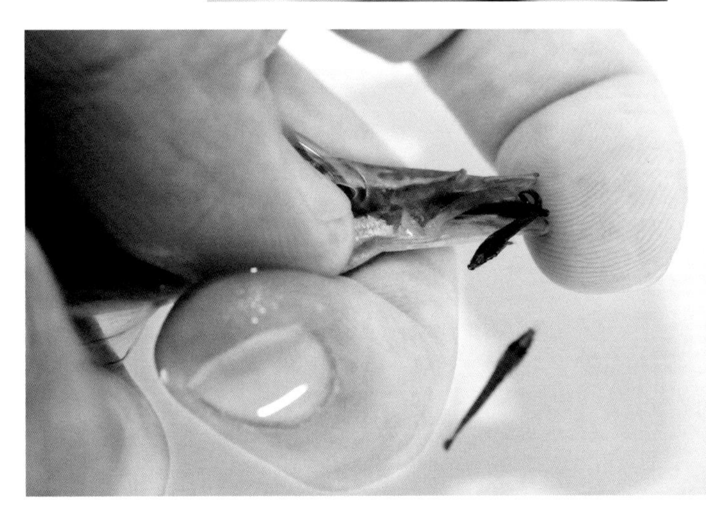

クロコダイルフィッシュはオスが口の中で卵を守る。そして、稚魚になって吐き出すのだ。エサを食べずに保護するので、あまりにも親が痩せてしまったら強制的に稚魚を吐かせても良い。

COLUMN 3

夏場の水温対策

夏場の熱中症対策は慎重に

熱帯魚と言うと、初心者の方は高水温に強いと考えてしまうかもしれない。しかし、日本の夏はかなりの暑さになるうえ、室内の温度はとても高くなるので対策をしないままの飼育はかなり厳しい。大抵の魚は高水温になってしまうと状態が悪くなってしまうので、できるだけ水温を下げてあげたい。そこで考えるのが、水槽専用のクーラーや水槽を設置している室内を冷やすことである。しかし、これらにはやや金額がかかってしまうのも確かなので、悩んでいる方も多いことだろう。

そこで、最も手軽で効果が高いものにファンがあるのでお勧めしたい。ファンを付けるぐらいではと思っている方もいるかもしれないが、設置するだけで2〜3度を下げられる便利グッズだ。2〜3度ぐらいと思われるかもしれないが、この温度がかなり大切なのである。効果的に使用すると5度前後も水温を落とすこともできる素晴らしいグッズなのである。

ただし、風を当てるために水槽のフタを開ける必要があるので、飼育魚の飛び出しには十分注意したい。水位をやや下げておいた方が良いだろう。また、気化熱を利用して水温を下げるので、水の蒸発が激しくなり足し水をこまめに行なうことが必要である。

照明器具にタイマーを使用しているなら、それと同系統にしておくと日中だけ回すことができて便利である。

PART 4

熱帯魚&水草図鑑

同じ種類に見えてもその姿形、質感によって様々な表情をを見せる熱帯魚＆水草。
ここではいろいろ初心者から上級者まで育てて楽しめる
貴重な熱帯魚＆水草400種を厳選して紹介する。

1.メダカの仲間
2.カラシンの仲間
3.コイ・ドジョウの仲間
4.シクリッドの仲間
5.アナバスの仲間
6.ナマズの仲間
7.レインボーフィッシュ・その他の仲間
8.古代魚・大型魚の仲間
9.水草

全400種

1 メダカの仲間

日本でも親しまれているメダカの仲間だが、世界中には多種多様なメダカが存在する。
メダカの仲間は胎生、卵胎生、卵生メダカの3つに大きく分けることができる。

グッピー *Poecilia reticulata var.*

日本のみならず、世界的に最も人気のある熱帯魚がグッピー。熱帯魚を扱うショップでなら、必ずといっていいほど見かけるポピュラーな熱帯魚でもあり、最初に飼育する熱帯魚がグッピーであるという人も多い。環境や水質の変化などから、輸入直後は弱い面もあるが、日本の水に馴染んでしまえば丈夫で、繁殖も容易。飼育環境に順応すると、特別なことをしなくてもどんどん殖えていく。ただし、殖えるにまかせて殖やし続けてしまうと、数が増えすぎるだけでなく、体が小さくなり、美しさも薄れていってしまうので注意したい。

分布：改良品種	体長：5cm
水温：20～25℃	水質：中性～弱アルカリ性
水槽：30cm以上	エサ：人工飼料、生き餌
飼育難易度：ふつう	

ブルー・グラス

長きにわたり、最も人気の高い品種となっているのがブルー・グラス。淡いブルーがとても美しい、日本人好みのグッピーだ。尾ビレの模様がモザイク・グッピーよりも細かいことがグラス・グッピーの特徴。グッピーは繁殖が容易なので、ペアでの飼育が楽しい。

レッド・グラス

レッド・モザイクよりも尾ビレの模様が細かい赤系のグラス・グッピー。モザイク系よりも細かく繊細な印象のある色彩が魅力的な品種だ。この美しさを維持するには、良い個体の選別繁殖が必要。

レッド・モザイク

赤と濃紺のモザイク模様が美しく、レイアウト水槽内でもよく目立つ存在だ。グッピーと言えばこの品種を思い浮かべる人も多いのではないだろうか。しかし、基本品種すぎてか最近では見る機会が少なくなっているのが残念。

モザイク・タキシード

シックな濃紺の体色と赤い尾ビレのコントラストが印象深い美しい品種。ショップでもよく見掛ける人気品種なので、入手も容易だ。明るい水草を使った水槽で飼うと、より見応えのあるグッピー。

レッドテール・タキシード

色彩豊かな明るい発色が非常に美しい品種。ボディの大きい個体は迫力満点で、レイアウト水槽などではとても目立つ存在となる。これもまた古くから知られている品種のひとつだ。

ゴールデン・フルレッド

人気の高いフルレッドのゴールデン品種。全身ソリッドの赤が美しく、様々な改良に活用もできる。

ドイツイエロー・タキシード

ドイツで作出されたイエロー・タキシードということからこの名で呼ばれている。白く美しいヒレは水槽内でも非常に目立ち、目を引き付ける。国産、輸入問わず、非常に人気が高い品種。

オールドファッション・ファンテール

ファンテールとは扇状に大きく広がる尾ビレを持つグッピーのこと。その大きな尾ビレは非常に色彩豊かで、ブルーの発色と赤い模様がとても美しい。何とも言えない色彩が魅力的だ。

ネオン・タキシード

ネオンブルーが非常に美しい、古くから人気の高いタキシード・グッピーのひとつ。素晴らしいフォルムと、大きく開いた鮮やかな尾ビレも素晴らしいグッピーだ。

モスコーブルー

一見、真っ黒に見えるが、見る角度や光の当たり具合によって、濃い青紫に輝く独特の体色を持つ品種で人気が高い。ロシアで作出されたため、モスコー（モスクワ）の呼び名がある。

キング・コブラ

幾何学的な模様と、毒々しい程の発色が特徴的なキング・コブラ。背ビレと尾ビレに入る柄のコントラストはもちろん、体側もコブラ柄の鮮やかさも国産ならでは。古くから親しまれる人気品種だ。

ウィーンエメラルド

ソード系グッピーの代表種で、オーストリアのウィーンで作出されたためこの名がある。エメラルドグリーンに輝く美しいグッピーだ。ソード系のグッピーは水槽内を元気良く泳ぎ回ってくれる。

エンドラーズ・ライブベアラー

Poecilia wingei

グッピーに非常によく似た小型のメダカ。元気に泳ぎ回る可愛い熱帯魚だ。グッピーにとても近縁な種なので、容易に交雑してしまうために飼育の際には注意が必要。ただし、購入した時点で交雑種である可能性もあるので、信頼できるショップでの購入が必要である。

分布：ベネズエラ	体長：3cm
水温：20〜25℃	水質：中性〜弱アルカリ性
水槽：30cm以上	エサ：人工飼料、生き餌
飼育難易度：ふつう	

セイルフィン・モーリー

Poecilia velifera

大きな背ビレでレイアウト水槽や混泳水槽でも存在感があり人気が高い。飼育、繁殖ともに容易だが、これらの仲間としては大きくなるので、飼育には45cm以上の水槽を用意したい。

分布：メキシコ	体長：12cm
水温：25〜27℃	水質：中性〜弱アルカリ性
水槽：45cm以上	エサ：人工飼料、生き餌
飼育難易度：ふつう	

ブラック・モーリー

Poecilia sphenops

全身が真っ黒に染まる体色で、状態良く飼うと背ビレの縁に黄色を発色して思わぬ美しさを見せてくれる。水槽内に発生する藻類なども食べてくれるので、水草水槽にも適している。

分布：メキシコ	体長：6cm
水温：24〜27℃	水質：中性〜弱アルカリ性
水槽：30cm以上	エサ：人工飼料、生き餌
飼育難易度：ふつう	

ハイフィン・ヴァリアタス

Xiphophorus variatus var.

大きな背ビレに改良された、ポピュラーな品種である。最近はオリジナル種を見かける機会が減り、本品種の様なハイフィン・タイプのものが入荷の中心となっている。

分布：改良品種	体長：6cm
水温：24〜27℃	水質：中性〜弱アルカリ性
水槽：30cm以上	エサ：人工飼料、生き餌
飼育難易度：やさしい	

プラティ *Xiphophorus maculatus var.*

ポピュラーな卵胎性種のひとつで、古くから多くの人に親しまれている。現在も続々と新たな品種が作出され続けており、様々な色彩の品種で楽しませてくれている。飼育、繁殖ともに容易で、熱帯魚飼育の入門種として絶対的な地位を確立している。ペアで購入すれば、新しい生命の誕生に立ち会うこともでき、稚魚の可愛らしさが楽しめる。ただし、輸入状態が悪い個体の立ち上げは非常に難しいので、しっかりとトリートメントされたものの購入が絶対条件だ。また、かなりの大食漢なので、こまめにエサを与えることが大切。

分布：メキシコ
体長：5cm
水温：25～27℃
水質：中性～弱アルカリ性
水槽：30cm以上
エサ：人工飼料、生き餌
飼育難易度：ふつう

レッドミッキーマウスプラティ

レッド・プラティのミッキーマウスタイプ。尾柄部にミッキーマウスを連想させる模様があることからこの呼称がある。レッド・プラティと同様にポピュラーな品種だ。

サンセットミッキーマウス・プラティ

その名の通り夕日のような赤とオレンジのコントラストが美しい、サンセットと呼ばれるタイプで、そのミッキーマウスタイプ。古くからの人気種だ。最近のものは派手さが増しているようである。

レッドバックミッキーマウス・プラティ

背ビレ付近の赤い発色が美しい、最近人気が高いプラティの1品種。背ビレ付近の発色は他の品種でもよく見られるようになっており、最近のトレンドとなっている。価格は安価なので入手しやすい。

ブルーミッキーマウス・プラティ

プラティというと赤系の品種が多いため、爽やかな水色の体色はそれらとはひと味違った印象のある品種だ。ブルー・プラティと呼ばれ、古くから人気が高い。価格は他のポピュラー品種と同様で安価。

タキシードツインバー・プラティ

体側に黒い発色をみせるのがタキシードで、黒色の部分の大小は個体によってまちまち。また、尾ヒレの上下に独特の発色を見せるツインバータイプ。

タイガー・プラティ

体側に独特の模様を持った人気品種。独特なタイガー模様はオスの方がより鮮やかになるが、成長すると赤の面積が広がったり、模様が崩れてしまうこともある。

ソード・テール *Xiphophorus helleri var.*

最もポピュラーな熱帯魚のひとつで、卵胎生魚としてもグッピーやプラティと並ぶメジャーな種類。雄の尾ビレの一部が剣のように伸びることからこの名前がある。プラティ同様、一般的に知られているのは赤系を中心とした改良品種で、体色やヒレの形を改良した様々な品種が見られる。性転換することも有名で、その様子を水槽内で観察することもできる。飼育、繁殖ともに容易なのは近縁の卵胎生魚と同じだが、それらと比べるとやや気が荒く、テリトリー意識も強い。

分布：メキシコ	体長：8cm
水温：25～27℃	水質：中性～弱アルカリ性
水槽：40cm以上	エサ：人工飼料、生き餌
飼育難易度：やさしい	

レッド・ソードテール

代表的な品種で真っ赤な体は水槽内でもよく目立ち、熱帯魚飼育のいろはを教えてくれる。レッド・プラティとも似ているが、それよりも大きくなり、レイアウト水槽内でも存在感がある。

レッドミッキー・ソードテール

ソード・テールは様々な品種や、プラティ、ヴァリアタスなどとの交配で多くの改良品種が作出されているが、本品種はプラティとの交配によって、ミッキーマウス柄をソード・テールに発現させたもの。

サンセットミッキー・ソードテール

前品種のサンセット・ソードテールの尾ビレ付近に模様の入ったミッキー・タイプ。比較的明るい体色で、水草レイアウト水槽内でもよく目立つ。カラーバランスに優れた品種である。

レッドワグ・ソードテール

プラティと同様に、ワグ・タイプは各ヒレが黒く発色する品種である。胸ビレも発色するので、胸ビレの動きがよくわかって非常に可愛いらしい。オスだけではなく、メスも同じ発色を見せる。

レッドバック・ソードテール

この品種もプラティとの交配によって、背ビレを中心に赤を発色させる改良が行われた品種だ。黄色い体に赤い背中は、混泳水槽にいてもよく目につく。

ネオン・ソードテール

真っ赤な他の品種に比べると、原種の雰囲気を色濃く残した色合いを持ち、雰囲気が異なるため人気の高い。爽やかな美しさのある品種だ。飼育や繁殖など基本的な部分は、その他の品種と同様。

シフォフォルス・シフィディウム

Xiphophorus xiphidium

丸みのあるプラティのような体形だが、尾ビレの下部がややソード状になる。体色にはバリエーションが見られ、ブルーの班が多い個体が美しいように思える。輸入はあまり多くなく、卵胎生メダカに強いショップでの購入が必要。

分布：メキシコ
体長：5cm
水温：22～27℃
水質：中性～弱アルカリ性
水槽：30cm以上
エサ：人工飼料、生き餌
飼育難易度：ふつう

シフォフォルス・モンテズマエ

Xiphophorus montezumae

スポット模様が美しい原種ソード・テールの仲間。改良品種などと比べると、ブラックラインなどでシックな印象。輸入量は多くなく、ブリーダーによって累代飼育されているものを稀に見ることができる。

分布：メキシコ
体長：7cm
水温：24～27℃
水質：中性～弱アルカリ性
水槽：40cm以上
エサ：人工飼料、生き餌
飼育難易度：ふつう

メリーウィドー

Phallichthys amates

古くから知られる卵胎生メダカの仲間。目立った色彩はないが、背ビレの黒がポイントになっている。以前はよく見られたが、最近では輸入されることは少ない。名前の由来は、一度交尾するとオスがいなくとも産仔を複数回するためで、「陽気な未亡人」という意味。

分布：グアテマラ、ホンジュラス
体長：4cm　水温：22～25℃
水質：弱酸性～中性　水槽：30cm以上
エサ：人工飼料、生き餌　飼育難易度：ふつう

ベロネソックス

Belonesox belizanus

メダカの仲間では数少ないフィッシュイーター。小魚を補食するので小型種との混泳には向かない。60cm以上の水槽でゆったりペア飼いしたい。大きな仔魚を産み、産まれた仔も魚食性なのでエサの確保が繁殖のポイントだ。

分布：中央アメリカ
体長：20cm
水温：25～27℃
水質：中性～弱アルカリ性
水槽：60cm以上
エサ：人工飼料、生き餌
飼育難易度：ふつう

ハイランドカープ

Xenotoca eiseni

観賞魚として古くから知られている真胎生メダカの代表種。卵胎生メダカの仲間とは違い、仔魚にへその緒があることが面白い。そのため仔魚は少数で、大きく育って出産される。なんとも言えない体色のグラデーションが美しい。

分布：メキシコ
体長：6cm
水温：20～25℃
水質：中性～弱アルカリ性
水槽：40cm以上
エサ：人工飼料、生き餌
飼育難易度：ふつう

アメカ・スプレンデンス

Ameca splendens

ハイランドカープと並んで真胎生メダカの仲間の中ではポピュラーな種。やや大きくなるので、水草レイアウト水槽などで飼育しても楽しい。レイアウト水槽内でのブリーディングも可能だ。

分布：メキシコ
体長：10cm
水温：20～25℃
水質：中性～弱アルカリ性
水槽：45cm以上
エサ：人工飼料、生き餌
飼育難易度：ふつう

アフリカン・ランプアイ

Poropanchax normani

目の上が青く輝く美しい小型魚。水草レイアウト水槽で群泳させるとさらに美しい。性質はおとなしく飼育は容易で、成長すると想像よりもボリュウムが出て存在感がある。状態よく飼育すれば繁殖も狙える。

分布：西アフリカ
体長：3cm
水温：25～27℃
水質：中性～弱アルカリ性
水槽：30cm以上
エサ：人工飼料、生き餌
飼育難易度：やさしい

“アプロケイリクティス”・マクロフタルムス

Poropanchax macrophthalmus

美しいメタリックブルーを発色する美魚で、色彩は産地によって少々異なる。そのため、地域名がついて輸入されることもある。飼育は難しくなく、人工飼料もよく食べる。

分布：ナイジェリア
体長：3cm
水温：25～27℃
水質：中性～弱アルカリ性
水槽：30cm以上
エサ：人工飼料、生き餌
飼育難易度：ふつう

タンガニイカ・ランプアイ

Lacustricola pumilus

ランプアイほど目の輝きは強くはないが、可愛らしい丸い尾ビレが特徴的で、黄色く染まるヒレとボディに入るブルーが美しい。アフリカのタンガニイカ湖に生息し、飼育は容易なので初心者にもおすすめ。

分布：タンガニイカ湖
体長：4cm
水温：25～27℃
水質：中性～弱アルカリ性
水槽：30cm以上
エサ：人工飼料、生き餌
飼育難易度：やさしい

“アフィオセミオン”・ガートネリィ

Fundulopanchax gardneri

古くから知られる“卵生メダカ”の代表種。ブリード個体の増加や、飼育器具の向上で飼いやすくなった。最近アフィオセミオン属からフンデュロパンチャックス属に変わった。

分布：ナイジェリア、カメルーン
体長：5cm　水温：23～26℃
水質：弱酸性　水槽：30cm以上
エサ：人工飼料、生き餌　飼育難易度：ふつう

アフィオセミオン・ビタエニアートゥム

Aphyosemion bitaeniatum

アフリカ産の卵生メダカの仲間の中でも、特に美しい種類として古くから知られている。大きな背ビレが最大の特徴で、フィンスプレッティングは迫力がある。採集地により体色に違いがある。

分布：カメルーン	
体長：5cm	水温：23～26℃
水質：弱酸性	水槽：30cm以上
エサ：人工飼料、生き餌	飼育難易度：ふつう

ノソブランキウス・ラコヴィ

Nothobranchius rachovii

ノソブランキウスの代表種で、生きた宝石とも称される。以前はあまり飼いやすい種ではなかったが、ブリード個体ならば水槽飼育に適応しており、容易に飼えるようになったが、繁殖は卵の休眠が必要である。

分布：モザンビーク	体長：5cm
水温：24～27℃	水質：中性～弱アルカリ性
水槽：30cm以上	エサ：人工飼料、生き餌
飼育難易度：ふつう	

ノソブランキウス・コルサウサエ

Nothobranchius korthausae

ノソブランキウス属の中でも飼いやすい種類で、色彩バリエーションが知られている。写真は黄色い発色の強いイエロー・タイプ。卵の休眠期間は2～3ヶ月程度。

分布：タンザニア	体長：5cm
水温：24～27℃	水質：中性～弱アルカリ性
水槽：30cm以上	エサ：人工飼料、生き餌
飼育難易度：ふつう	

プロカトープス・シミリス

Procatopus similes

ブルーの発色が美しいプロカトープス属の代表種。水質にやや敏感な面があり、状態の良い水をキープして飼うことが必要だ。採集地によって色彩に違いがみられる。

分布：ナイジェリア、カメルーン	
体長：5cm	水温：23～26℃
水質：中性	水槽：30cm以上
エサ：人工飼料、生き餌	飼育難易度：やや難しい

シュードエピプラティス・アヌラートゥス

Pseudepiplatys annulatus

小型美魚の代表種として知られているが、輸入される個体がとても小さいためにその美しさに気づいていない飼育者が多い。飼育は難しくないので、本来の美しさを楽しみたい。

分布：リベリア、シエラレオネ	
体長：3cm	水温：23～26℃
水質：弱酸性～中性	水槽：30cm以上
エサ：人工飼料、生き餌	飼育難易度：ふつう

インド・メダカ

Oryzias melastigma

目は青く発色し、尻ビレが伸長する美しいメダカ。日本のメダカと同じオリジアス属に属する。体高は高いが頭部はシャープで尖っているのが特徴的。飼育は容易だ。

分布：インド
体長：4cm
水温：24～27℃
水質：中性
水槽：30cm以上
エサ：人工飼料、生き餌
飼育難易度：ふつう

メコン・メダカ

Oryzias mekongensis

尾ビレの上下がオレンジに発色するのが特徴の小型オリジアス。タイ東部やラオスなどのメコン川流域に生息している。非常に小さいので、エサや混泳相手には気を使いたい。

分布：タイ東部、ラオス
体長：2cm
水温：24～27℃
水質：弱酸性～中性
水槽：30cm以上
エサ：人工飼料、生き餌
飼育難易度：ふつう

オリジアス・ウォウォラエ

Oryzias woworae

2010年に新種記載された、比較的新しく紹介されたオリジアス。日本人が考えるオリジアスの仲間としては、常識を超える美しさを持っている。スラウェシ島南東海岸沖にあるMuna島に生息する。

分布：スラウェシ島
体長：4cm
水温：24～27℃
水質：弱酸性～中性
水槽：30cm以上
エサ：人工飼料、生き餌
飼育難易度：ふつう

セレベス・メダカ

Oryzias celebensis

尾ビレのラインが特徴的なポピュラーな外国産のメダカで、養殖個体がコンスタントに輸入されている。飼育は難しくなく、小型魚同士でなら混泳水槽でも飼育できる。

分布：スラウェシ島
体長：5cm
水温：24～27℃
水質：中性～弱アルカリ性
水槽：30cm以上
エサ：人工飼料、生き餌
飼育難易度：ふつう

アメリカンフラッグ・フィッシュ

Jordanella floridae

コケなどの藻類もよく食べてくるので、水草レイアウト水槽でコケ対策用に飼育されることが多いポピュラー種だ。名前の由来は、体色がアメリカの国旗に似ていることから。

分布：フロリダ半島　体長：6cm
水温：25～27℃　水質：中性
水槽：40cm以上　エサ：人工飼料、生き餌
飼育難易度：やさしい

2 カラシンの仲間

カラシンの仲間は南アメリカやアフリカで繁栄している。
カラシンの小型のものをテトラと呼び、
観賞魚として絶大な人気がある。
きっと好みの魚が見つかるはずだ。

ネオン・テトラ *Paracheirodon innesi*

観賞魚として古くから親しまれている、最も有名で美しい熱帯魚のひとつ。香港で大量に養殖され、常時ショップで見かけられる。価格も安価で、熱帯魚飼育の入門種として人気。エサも何でも食べ、飼育は容易。

分布：アマゾン川
体長：3cm
水温：25〜27℃
水質：弱酸性〜中性
水槽：30cm以上
エサ：人工飼料、生き餌
飼育難易度：やさしい

ダイヤモンド・ネオン

Paracheirodon innesi var.

東南アジアで作出された、ネオン・テトラの改良品種。ダイヤモンドの名にふさわしい頭部から体側にかけての金属光沢が美しく、水草レイアウト水槽などで群泳をして楽しみたい。飼育はネオン・テトラと同様に容易。

分布：改良品種
体長：3cm
水温：25～27℃
水質：弱酸性～中性
水槽：30cm以上
エサ：人工飼料、生き餌
飼育難易度：やさしい

ゴールデン・ダイヤモンドネオン

Paracheirodon innesi var.

ダイヤモンド・ネオン同様、頭部先端が青く輝くネオン・テトラの改良品種。これまた非常に美しく、水草レイアウト水槽で群泳させると非常に見応えがする。飼育のしやすさはその他の改良品種と変わらない。

分布：改良品種
体長：3cm
水温：25～27℃
水質：弱酸性～中性
水槽：30cm以上
エサ：人工飼料、生き餌
飼育難易度：やさしい

ニューゴールデン・ネオン

Paracheirodon innesi var.

透明感のある乳白色の体色にブルーのラインが入る、爽やかな印象の改良ネオン・テトラの1品種で、香港で作出された。現在では広く普及しており、安価で購入することができる。飼育も容易。

分布：改良品種
体長：3cm
水温：25〜27℃
水質：弱酸性〜中性
水槽：30cm以上
エサ：人工飼料、生き餌
飼育難易度：やさしい

ニューレッド・ゴールデンネオン

Paracheirodon innesi var.

前に登場したニューゴールデン・ネオンとよく似た体色だが、オリジナルの持つ赤味を失っておらず、ニューゴールデン・ネオンよりも派手な印象。白と赤のコントラストがとても美しい改良品種だ。オリジナル種同様、飼育は容易で、エサも何でもよく食べる。

分布：改良品種
体長：3cm
水温：25〜27℃
水質：弱酸性〜中性
水槽：30cm以上
エサ：人工飼料、生き餌
飼育難易度：やさしい

カーディナル・テトラ

Paracheirodon axelrodi

ネオン・テトラよりも腹部の赤い部分が広くより鮮やかな印象で、少し大きくなるので、水草レイアウト水槽で群泳させると素晴らしい。最近になりブリード個体も見られるようになっているが、南米から採集個体がコンスタントに輸入されている。飼育も難しくない。

分布：ネグロ川
体長：4cm
水温：25〜27℃
水質：弱酸性〜中性
水槽：30cm以上
エサ：人工飼料、生き餌
飼育難易度：ふつう

グリーン・ネオン

Paracheirodon simulanus

ネオン・テトラに似た体色を持つが、赤い部分が薄く、体側に入るブルーの印象が強いことからこの名前がある。水草水槽で群泳させると美しいが、草食性がやや強く水草の新芽などを食べてしまうので注意。

分布：ネグロ川
体長：2.5cm
水温：25〜27℃
水質：弱酸性〜中性
水槽：30cm以上
エサ：人工飼料、生き餌
飼育難易度：ふつう

グローライト・テトラ
Hemigrammus erythrozonus

丈夫で飼いやすく、蛍光オレンジのラインが入った透明感のある体がとても美しい種類。東南アジアで盛んに養殖されており、コンスタントな輸入がある。価格も安く、性質もおとなしいため混泳水槽でも飼いやすい。ネオン・テトラと並び、初心者にも人気が高い入門種。

分布：ギアナ
体長：3cm
水温：25〜27℃
水質：弱酸性〜中性
水槽：30cm以上
エサ：人工飼料、生き餌
飼育難易度：やさしい

ゴールデン・テトラ
Hemigrammus armstrongi

体側にブルーのラインが入ることからブルーラインなどと呼ばれることもある。丈夫でエサも何でもよく食べてくれるので飼育は容易だが、環境を悪化させると、メタリックな体色が落ちてしまう。水草によく栄えるので水草水槽で群泳させるのがお勧めだ。

分布：ギアナ
体長：3.5cm
水温：25〜27℃
水質：弱酸性〜中性
水槽：30cm以上
エサ：人工飼料、生き餌
飼育難易度：やさしい

ロレット・テトラ
Hyphessobrycon loretoensis

体の中央にゴールドのラインが入り、オレンジ色に染まるヒレを持つ綺麗な種類。見る角度によって金色に見えたりと、その時々で見える綺麗さが異なる。水槽導入直後はやや神経質。

分布：ペルー　体長：3.5cm
水温：25〜27℃　水質：弱酸性〜中性
水槽：30cm以上　エサ：人工飼料、生き餌
飼育難易度：やさしい

ブラックネオン・テトラ
Hyphessobrycon herbertaxelrodi

古くから定番のポピュラー種だが、じっくり飼育すると各ヒレも伸長してとても綺麗に育つ。飼育はとても容易で初心者にもお勧めだ。黒い色彩が水草の美しさも引き立ててくれる。

分布：ブラジル　体長：3.5cm
水温：25〜27℃　水質：弱酸性〜中性
水槽：30cm以上　エサ：人工飼料、生き餌
飼育難易度：やさしい

ロベルティ・テトラ
Hyphessobrycon robertsi

鮮やかなピンク色と大きなヒレから、小型テトラを代表する美魚。特に繁殖期のオスは、全身が鮮やかな濃いピンク色に染まり、そのフィンスプレッティングは素晴らしく美しい。

分布：アマゾン河　体長：5cm
水温：25〜27℃　水質：弱酸性〜中性
水槽：40cm以上　エサ：人工飼料、生き餌
飼育難易度：ふつう

ロージィ・テトラ
Hyphessobrycon rosaceus

古くから観賞魚として親しまれている、ハイフェソブリコン属を代表する種。ロベルティ・テトラに似ているが、本種は腹ビレと尻ビレの先端が白く発色する違いがある。ボリュームがあるテトラなので、比較的大きめのレイアウト水槽で飼育するとよい。

分布：アマゾン河　体長：5cm
水温：25〜27℃　水質：弱酸性〜中性
水槽：40cm以上　エサ：人工飼料、生き餌
飼育難易度：ふつう

レモン・テトラ

Hyphessobrycon pulchripinnis

レモンを思わせる黄色の体色からこの名がついた、最もポピュラーなテトラのひとつ。東南アジアで養殖が盛んに行われ、輸入量はとても多い。飼育は容易だが、水草の新芽を食べることがあるので要注意。

分布：アマゾン河
体長：4cm
水温：25～27℃
水質：弱酸性～中性
水槽：30cm以上
エサ：人工飼料、生き餌
飼育難易度：やさしい

ロゼウス・テトラ

Hyphessobrycon roseus

体側の大きなスポット模様と、透明感のある赤の発色が素晴らしい美種。イエローファントム・テトラの名前で販売されている。素晴らしい体色を見せてくれることに加え、草食性が弱く、水草レイアウト水槽に群泳させる魚として圧倒的な人気を誇る。

分布：ギアナ
体長：3cm
水温：25～27℃
水質：弱酸性～中性
水槽：30cm以上
エサ：人工飼料、生き餌
飼育難易度：ふつう

ブラックファントム・テトラ

Hyphessobrycon megalopterus

ブラックファントムの名の通り、黒の発色が特徴的なテトラで、体に対して大きめの背ビレと尻ビレが黒に染まり、独特な美しさを見せる。養殖された個体が大量に輸入されてくるため、手頃な値段で入手できる。丈夫なので飼育も容易。水草水槽で飼うとより一層美しい。

分布：ブラジル
体長：4cm
水温：25～27℃
水質：弱酸性～中性
水槽：30cm以上
エサ：人工飼料、生き餌
飼育難易度：ふつう

レッドファントム・テトラ

Hyphessobrycon sweglesi

オスは背ビレが美しく伸長し、体色も透明感のある赤に発色する。その赤みの強さから、レッドファントムと名付けられた。この体色は産地によって差があり、中でもルブラと呼ばれるものはとりわけ赤が鮮やかで、非常に美しいことから人気が高い。

分布：ペルー、コロンビア
体長：4cm
水温：25～27℃
水質：弱酸性～中性
水槽：30cm以上
エサ：人工飼料、生き餌
飼育難易度：ふつう

テトラ・オーロ

Hyphessobrycon elachys

尾筒のスポットが特徴的な小型テトラ。成長すると背ビレと尻ビレが伸長して美しいフォルムに成長してくれる。小型種なので混泳する魚には注意し、小型の水草レイアウト水槽での飼育が適している。

分布：ブラジル
体長：3cm
水温：25～27℃
水質：弱酸性～中性
水槽：30cm以上
エサ：人工飼料、生き餌
飼育難易度：やさしい

プリステラ

Pristella maxillaris

その可愛らしい色彩で、古くから親しまれているポピュラー種のひとつ。養殖個体が大量に輸入され、入手、飼育ともに容易。エサも何でも良く食べてくれるので、初心者でも安心して飼育が楽しめる種類だ。

分布：ブラジル南部
体長：4cm
水温：25～27℃
水質：弱酸性～中性
水槽：30cm以上
エサ：人工飼料、生き餌
飼育難易度：やさしい

ダイヤモンド・テトラ

Moenkhausia pittieri

ヒレの伸びていない幼魚が定期的に輸入されているが、じっくり飼育すると驚く程にヒレが伸長、体側の鱗もその名にふさわしい輝きが出てきて、とても美しくなる。草食傾向が強いので水草水槽では要注意。

分布：ベネズエラ
体長：7cm
水温：25～27℃
水質：弱酸性～中性
水槽：40cm以上
エサ：人工飼料、生き餌
飼育難易度：ふつう

レッド・テトラ

Hyphessobrycon amandae

小型テトラの仲間の中でも特に小さく、口もとても小さいのでエサには気を使いたい。ただし、飼育自体は難しくない。小さな水槽でも群泳を楽しむことができる。輸入はコンスタントにあり、入手は容易。

分布：ペルー、アマゾン川
体長：2.5cm
水温：25～27℃
水質：弱酸性～中性
水槽：30cm以上
エサ：人工飼料、生き餌
飼育難易度：ふつう

コロンビア・レッドフィン

Hyphessobrycon columbianus

ブルーと赤の体色が美しく、丈夫で飼いやすい人気の高いテトラ。ヨーロッパや東南アジアで養殖されたものがコンスタントに輸入されており、入手は容易。エサも何でもよく食べてくれるが、やや大きくなるので、大きめの水槽で飼育したい種類だ。

分布：コロンビア
体長：7cm
水温：25～27℃
水質：弱酸性～中性
水槽：40cm以上
エサ：人工飼料、生き餌
飼育難易度：やさしい

エンペラー・テトラ

Nematobrycon palmeri

フォークのように伸長するライアーテールが特徴の美種で、体高の低いフォルムと青みを帯びた体色が印象的。昔は高価な魚だったが、養殖個体が多くなり入手が容易になった。飼育は難しくない。

分布：コロンビア
体長：5cm
水温：22～25℃
水質：弱酸性～中性
水槽：36cm以上
エサ：人工飼料、生き餌
飼育難易度：ふつう

インパイクティス・ケリー

Inpaichthys kerri

光の当たる角度によってブルーに輝くとても美しい種類。飼育は容易だが、やや気が荒く、特に同種間では頻繁に小競り合いをする。ある程度まとまった数で飼育するか、水草を多く植えて飼育すると良い。

分布：アマゾン河
体長：5cm
水温：25～27℃
水質：弱酸性～中性
水槽：36cm以上
エサ：人工飼料、生き餌
飼育難易度：ふつう

グラス・ブラッドフィン

Prionobrama filigere

昔から代表的な透明魚のひとつとして知られており、体全体が透けて見えるのが特徴。飼育も難しくなく初心者にもお勧めだが、状態が悪くなると体が白濁してしまうので、水質などを改善する。東南アジアで養殖された個体が大量に輸入されているので入手も容易。

分布：アマゾン河	体長：5cm
水温：25〜27℃	水質：弱酸性〜中性
水槽：36cm以上	エサ：人工飼料、生き餌
飼育難易度：ふつう	

グリーンファイヤー・テトラ

Aphyocharax rathbuni

グリーンの体に、腹部から尾ビレ付け根にかけて赤く染まる美しいテトラ。飼うのは簡単だが、赤さやヒレの白さを綺麗に発色させるのはやや難しい。状態のいい弱酸性の軟水の水質をキープするのがコツ。

分布：アルゼンチン、パラグアイ
体長：5cm
水温：25〜27℃
水質：弱酸性〜中性
水槽：30cm以上
エサ：人工飼料、生き餌
飼育難易度：ふつう

ハセマニア

Hasemania nana

各ヒレ先端が白く目立つ可愛らしいテトラで、飼育の容易な入門種として初心者にお勧めできる。東南アジアから養殖個体がコンスタントに輸入される、古くからのポピュラー種でもある。エサは何でも食べる。

分布：ブラジル
体長：5cm
水温：25〜27℃
水質：弱酸性〜中性
水槽：30cm以上
エサ：人工飼料、生き餌
飼育難易度：やさしい

ラミーノーズ・テトラ

Hemigrammus bleheri

頭部が真っ赤に染まるのが特徴の、数多くあるテトラの中でも高い人気を誇る美種。水草レイアウト水槽で群泳させるとよく栄えるので、10匹単位での購入がお勧めだ。

分布：アマゾン河	体長：5cm
水温：25〜27℃	水質：弱酸性〜中性
水槽：40cm以上	エサ：人工飼料、生き餌
飼育難易度：ふつう	

ゴールデン・ラミーノーズテトラ

Hemigrammus bleheri ver.

オリジナル種は真っ赤に染まる頭部と、白黒の尾ビレが特徴だが、こちらのゴールデンタイプではそれらの特徴に代わって、透明感のある白い体を手に入れている。

分布：改良品種	体長：5cm
水温：25〜27℃	水質：弱酸性〜中性
水槽：40cm以上	エサ：人工飼料、生き餌
飼育難易度：ふつう	

ペルー・グラステトラ

Leptagoniates pi

新しい透明魚として紹介されたテトラで、輸入状態によって飼育難易度は違ってくるが、一度落ち着けば難しくない。エサは人工飼料よりも、生き餌や動物性のエサを好むようだ。

分布：ペルー	体長：5cm
水温：25〜27℃	水質：弱酸性
水槽：36cm以上	エサ：人工飼料、生き餌
飼育難易度：ふつう	

ペンギン・テトラ
Thayeria boehlkei

黒と白の体色や、頭を上向きにした独特の泳ぎ方がペンギンを連想させることからこの名がある。古くから親しまれている人気種で、東南アジアで養殖された個体が大量に輸入されている。飼育は容易。

分布：アマゾン河	体長：5cm
水温：25～27℃	水質：弱酸性～中性
水槽：30cm以上	エサ：人工飼料、生き餌
飼育難易度：やさしい	

トゥッカーノ・テトラ
Tucanoichthys tucano

ネグロ河上流域の限られた河川にのみ生息する種類で、価格も高価な部類に入る。水質には敏感で、水槽導入直後は特に気を使う必要がある。弱酸性の落ち着いた軟水でじっくり飼育したい種類だ。

分布：ネグロ河上流域	体長：3cm
水温：25～27℃	水質：弱酸性
水槽：36cm以上	エサ：人工飼料、生き餌
飼育難易度：難しい	

イエロー・ブリタニクティス
Characidae sp.

イエロー・ブリタニクティスの名で流通しているが、ブリタニクティスとは全く別の魚である。最近になって紹介された種類だが、輸入量は増えてきている。体は透けているが、面白い発色の仕方をするテトラで、黄色みを帯びてくる。飼育はそれほど難しくないが、エサが不足するとすぐに痩せてくる。

分布：アマゾン河
体長：3.5cm
水温：25～27℃
水質：弱酸性～中性
水槽：36cm以上
エサ：人工飼料、生き餌
飼育難易度：ふつう

ホタル・テトラ
Axelrodia sp.

かつては混じりでしか輸入されない稀少な種類で、マニアックなテトラの代表種。「黄ボタル」、「赤ホタル」と呼ばれる黄色いタイプと赤いタイプの2タイプを見ることができる。

分布：ネグロ川	体長：3cm
水温：25～27℃	水質：弱酸性～中性
水槽：30cm以上	エサ：人工飼料、生き餌
飼育難易度：ふつう	

ブラック・テトラ
Gymnocorymbus ternetzi

東南アジアで養殖され、古くからのポピュラー種。飼育は容易で、成長に伴い体高が増し見応えある姿になるが、大きくなると名前の由来でもある黒色がぼやけてしまうことが多い。

分布：ブラジル、アルゼンチン	
体長：6cm	水温：25～27℃
水質：中性	水槽：30cm以上
エサ：人工飼料、生き餌	飼育難易度：やさしい

カラー・ブラックテトラ
Gymnocorymbus ternetzi var.

ブラック・テトラは数多くの改良品種が作出されているが、白変個体に人工的に着色を施したものがカラー・ブラックテトラだ。ピンク、ブルー、パープルなどが作られている。

分布：ブラジル、アルゼンチン	
体長：6cm	水温：25～27℃
水質：中性	水槽：30cm以上
エサ：人工飼料、生き餌	飼育難易度：やさしい

カーディナル・ダーター

Odontocharacidium aphanes

小型のダーター・テトラで、以前から混じり物として人気が高かった。今でもまとまった輸入はあまりなく、入手は比較的難しい。エサはブラインシュリンプ幼生などがベター。

分布：ネグロ川　体長：2.5cm
水温：25～27℃　水質：弱酸性
水槽：30cm以上　エサ：人工飼料、生き餌
飼育難易度：やや難しい

ワイツマニー・テトラ

Poecilocharax weitzmani

小型美魚として知られているが、美しく育った姿を見た飼育者は極僅かだろう。比較的飼育が難しく、しっかり管理しないと気付かない内に死んでしまう。馴れれば人工飼料も食べる。

分布：ネグロ川、オリノコ川
体長：3.5cm　水温：25～27℃
水質：弱酸性　水槽：36cm以上
エサ：生き餌、人工飼料　飼育難易度：難しい

ペンシル・フィッシュ

Nannobrycon eques

ペンシル・フィッシュの代表種で、頭を上にした斜めに泳ぐ姿が可愛らしい。一見黒に見える体色も、状態が良くなってくると赤みが出てきて褐色に色付く。エサは小さいのを与えたい。

分布：アマゾン河　体長：5cm
水温：25～27℃　水質：弱酸性～中性
水槽：40cm以上　エサ：人工飼料、生き餌
飼育難易度：ふつう

ドワーフ・ペンシルフィッシュ

Nannostomus marginatus

成長しても3cm程度にしかならない、やや寸詰まりな体形が可愛らしい小型のペンシル・フィッシュ。この仲間では最もポピュラーな種類だが、はっきりした体色は水槽内でもよく目立つ。発生したばかりのコケを食べてくれるので、コケ対策にも適している。

分布：アマゾン河　体長：3cm
水温：25～27℃　水質：弱酸性～中性
水槽：30cm以上　エサ：人工飼料、生き餌
飼育難易度：ふつう

ナノストムス・エスペイ

Nannostomus espei

以前は数年に1度程度の輸入しかなかった希少種だったが、最近では比較的定期的に輸入されるようになってきており、入手の機会は増えている。独特の模様から人気がある。比較的丈夫で、飼育は難しくない。

分布：ギアナ
体長：4cm
水温：25～27℃
水質：弱酸性～中性
水槽：30cm以上
エサ：人工飼料、生き餌
飼育難易度：ふつう

スリーライン・ペンシルフィッシュ

Nannostomus trifasciatus

その名の通り、3本のブラックラインが特徴のペンシル・フィッシュだ。飼うのは難しくなく、初心者でも飼育が楽しめるが、同種では頻繁に小競り合いが続くので、水草を茂らせた水槽で飼うのがよい。

分布：アマゾン河
体長：5cm
水温：25～27℃
水質：弱酸性～中性
水槽：30cm以上
エサ：人工飼料、生き餌
飼育難易度：ふつう

ナノストムス・ベックフォルディ
Nannostomus beckfordi

ショップでも常に見ることができる、最も輸入量の多いペンシル・フィッシュ。丈夫で飼育しやすいので入門種的存在。雌雄の判別も容易で、数ペア飼育すると繁殖も望める。

分布：ギアナ、アマゾン河	体長：4cm
水温：25～27℃	水質：弱酸性～中性
水槽：30cm以上	エサ：人工飼料、生き餌
飼育難易度：やさしい	

アークレッド・ペンシルフィッシュ
Nannostomus mortenthaleri

強い色彩が特徴。輸入量も増え、飼育自体も容易だが、かなり気性が荒く、同種間では常に争うため、シェルターが必要。複数飼育すると最も強いオスが発色する。

分布：ペルー	体長：4cm
水温：25～27℃	水質：弱酸性～中性
水槽：36cm以上	エサ：人工飼料、生き餌
飼育難易度：ふつう	

マーブル・ハチェット
Gasteropelecus strigata strigata

マーブル模様が美しいハチェットで、コンスタントかつ大量の輸入があるので入手は容易。常に水面近を泳ぐので、浮く餌を与えてやるとよい。飼育自体は容易だが、驚くと飛び跳ねる。

分布：ギアナ、ペルー	体長：4cm
水温：25～27℃	水質：弱酸性～中性
水槽：36cm以上	エサ：人工飼料、生き餌
飼育難易度：ふつう	

アドニス・テトラ
Lepidarchus adonis

マイナーな印象のあるアフリカ産の小型カラシンの中ではポピュラーな種類で、比較的コンスタントに輸入されている。体はほぼ透き通っているが、状態がよくなってくると徐々に褐色を帯びてくる。性質もおとなしいので、おとなしい小型魚となら混泳も可能だ。

分布：西アフリカ
体長：4cm
水温：25～27℃
水質：弱酸性
水槽：30cm以上
エサ：人工飼料、生き餌
飼育難易度：やや難しい

ジェリービーン・テトラ
Ladigesia roloffi

グリーンを発色する体と、尾ビレのオレンジが美しいテトラ。性質はとてもおとなしく、小型種との混泳も可能。細かいエサであれば何でもよく食べ、飼育はそれほど難しくない。水草レイアウト水槽で飼育する魚として人気が高い。

分布：西アフリカ
体長：4cm
水温：25～27℃
水質：弱酸性
水槽：30cm以上
エサ：人工飼料、生き餌
飼育難易度：ふつう

コンゴ・テトラ
Phenacogrammus interruptus

古くから観賞魚として親しまれているアフリカ産のカラシン。やや大きくなるので、余裕のある水槽で飼育すると、ヒレが伸長し、体の輝きも増して、大変見栄えのする魚となる。養殖個体がコンスタントに輸入されているので、安価で購入できる。性質はおとなしく、飼育も容易だ。

分布：中央アフリカ、コンゴ	体長：10cm
水温：25～27℃	水質：中性
水槽：40cm以上	エサ：人工飼料、生き餌
飼育難易度：やさしい	

3 コイ・ドジョウの仲間

東南アジア諸地域やアフリカで大繁栄しているコイの仲間。
カラシンと人気を二分するが、カラシンより色をあげるのにテクニックがいる。
じっくり飼育して堪能したい。

ラスボラ・ヘテロモルファ

Trigonostigma heteromorpha

代表的な小型熱帯魚のひとつ。丈夫でエサも何でもよく食べ、水質の適応能力も高く飼いやすいので古くから人気が高い。水草レイアウト水槽で飼う魚としても親しまれている。安価で購入できるのも魅力。

分布：マレー半島
体長：4cm
水温：25～27℃
水質：弱酸性～中性
水槽：30cm以上
エサ：人工飼料、生き餌
飼育難易度：やさしい

ラスボラ・エスペイ

Trigonostigma espei

前種のヘテロモルファに似ているが、体高が低く体側のバチ模様はやや細い。また、オレンジ色の発色がより強い。弱酸性の軟水で飼育すると赤みの強い素晴らしい体色を見せてくれる。

分布：タイ、マレーシア、インドネシア
体長：4cm
水温：25～27℃
水質：弱酸性～中性
水槽：30cm以上
エサ：人工飼料、生き餌
飼育難易度：やさしい

ラスボラ・ヘンゲリィ

Trigonostigma hengeli

ショップではあまり区別されることなく売られていることも多いが、エスペイに比べてオレンジ色は淡く、体色はより透明感がある。入手、飼育ともに容易で、水草レイアウト水槽などにも向いている。

分布：インドネシア
体長：4cm
水温：25～27℃
水質：弱酸性
水槽：30cm以上
エサ：人工飼料、生き餌
飼育難易度：やさしい

ボララス・ブリジッタエ

Boraras brigittae

ボララス属の魚たちは、小型コイ科の中でも特に小さなものが多いグループ。だが、その小ささに反して、真っ赤な体色は水槽内でも強い存在感を放ち、人気種となっている。細かなエサさえ用意してやれば、飼育は比較的容易だ。

分布：ボルネオ
体長：2.5cm
水温：25～27℃
水質：弱酸性
水槽：30cm以上
エサ：人工飼料、生き餌
飼育難易度：ふつう

ボララス・メラー

Boraras merah

ブリジッタエによく似ているが、本種の方が体色に透明感があり、並べてみるとすぐに違いに気付くだろう。ただし、ショップでは混同されて売られていることもある。飼育や好む水質はブリジッタエと同様で、調子がよければ鮮やかな赤を発色する。

分布：ボルネオ
体長：2.5cm
水温：25～27℃
水質：弱酸性
水槽：30cm以上
エサ：人工飼料、生き餌
飼育難易度：ふつう

ボララス・ウロフタルモイデス

Boraras urophthalmoides

“ウロフタルマ”の名で古くから知られている、ボララス属のポピュラー種。体側の黒いラインは光の加減で緑色に輝き、雄はその緑がより強く輝き、美しい。小さいので、混泳や給餌には気を使いたい。

分布：カンボジア、タイ
体長：2.5cm
水温：25～27℃
水質：弱酸性
水槽：30cm以上
エサ：人工飼料、生き餌
飼育難易度：やさしい

ボララス・マクラータ

Boraras maculatus

体側の大きなスポット模様と赤みの強い体色が特徴だが、この色や模様には個体差があり、赤の色の濃さ、スポットの大きさなどにばらつきが見られる。最近輸入されてくるものは、以前とは違っているのか、写真のような古くから輸入されているタイプが少ない。

分布：マレー半島、スマトラ
体長：3cm
水温：25～27℃
水質：弱酸性
水槽：30cm以上
エサ：人工飼料、生き餌
飼育難易度：やさしい

ブルーアイ・ラスボラ
Rasbora dorsiocellata

ブルーに光り輝く目と、背ビレの大きなブラック・スポットも可愛らしい小型種。群れを好むので10匹単位での飼育が望ましい。水草を多く植えたり、バックを暗めにした水槽で群泳させたりすると美しい。近縁種にアイスポット・ラスボラが知られる。

分布：マレー半島、インドネシア
体長：3cm
水温：25～27℃
水質：弱酸性～中性
水槽：30cm以上
エサ：人工飼料、生き餌
飼育難易度：やさしい

キンセン・ラスボラ
Rasbora borapetensis

最も古くから親しまれているラスボラのひとつで、ポピュラーな熱帯魚。金線の通称の通り、体側には金色のラインが入り、尾ビレには赤を発色する。飼育が容易で安価な魚だが、水草レイアウト水槽で群泳させると、驚くほどの美しさを見せてくれる侮れない魚だ。

分布：タイ、マレーシア
体長：5cm
水温：25～27℃
水質：弱酸性～中性
水槽：30cm以上
エサ：人工飼料、生き餌
飼育難易度：やさしい

レッドライン・ラスボラ
Trigonopoma pauciperforatum

とてもポピュラーなラスボラで、頭の先から尾の付け根まで通る赤いラインが美しい。この美しさを引き出したければ、ピートモスなどを使用した弱酸性の軟水を用意するとよい。状態良く飼育すると、赤は深みをよりいっそう増し、体色も緑がかりとても美しくなる。

分布：マレー半島、スマトラ
体長：5cm
水温：25～27℃
水質：弱酸性
水槽：30cm以上
エサ：人工飼料、生き餌
飼育難易度：ふつう

ラスボラ・エインソベニー
Rasbora einthovenii

輸入量はそれほど多くなく、他種に混じって幼魚が輸入される程度とやや珍しい。ラインが尾にかかるので近縁種との区別は容易だ。体側のラインは光の加減によって濃いブルーに見える美しい種類だ。

分布：マレーシア、インドネシア
体長：6cm
水温：25～27℃
水質：弱酸性～中性
水槽：30cm以上
エサ：人工飼料、生き餌
飼育難易度：やさしい

“ミクロラスボラ・ブルーネオン”
Microdevario kubotai

ブルーネオンの名で知られている通り、背部にブルーを発色する小型美魚。この仲間の中では珍しく弱酸性の水質を好み、水草レイアウト水槽で群泳させる魚として人気が高い。時期によっては寄生虫がついていることがあり、輸入状態が悪いことがあるので注意したい。

分布：タイ
体長：3cm
水温：25～27℃
水質：弱酸性
水槽：30cm以上
エサ：人工飼料、生き餌
飼育難易度：やさしい

スマトラ
Puntigrus tetrazona

ショップでは常に見ることができる、古くから知られるポピュラーな熱帯魚のひとつ。以前は長いヒレを持った魚を攻撃する悪癖が有名だったが、最近の魚は以前ほど攻撃的でもない。飼育はとても容易。

分布：スマトラ、ボルネオ
体長：6cm
水温：25～27℃
水質：弱酸性～中性
水槽：36cm以上
エサ：人工飼料、生き餌
飼育難易度：やさしい

アルビノ・スマトラ

Puntigrus tetrazona var.

スマトラの体色パターンは残しつつ、色だけが変わったような雰囲気を持つものへと改良された、アルビノ（白化個体）を固定した品種。よく泳ぎ回る姿は可愛らしく、混泳水槽のアクセントにもピッタリだ。

分布：改良品種
体長：6cm
水温：25～27℃
水質：弱酸性～中性
水槽：36cm以上
エサ：人工飼料、生き餌
飼育難易度：やさしい

ブラック・ルビー

Pethia nigrofasciata

ショップで販売されている時は、地味で冴えない印象すらある魚だが、じっくり飼いこまれた個体は素晴らしい美しさを見せてくれる。飼育そのものは容易だが、美しさを最大限に引き出すには、弱酸性の軟水での飼育など、ひと手間が必要。

分布：スリランカ
体長：6cm
水温：25～27℃
水質：弱酸性～中性
水槽：40cm以上
エサ：人工飼料、生き餌
飼育難易度：ふつう

"プンティウス"・ペンタゾナ

Desmopuntius pentazona

状態が良いと赤みが増して素晴らしい体色を見せてくれる小型のプンティウス。体側のバンドはグリーンメタリックに輝く。綺麗なブラックウォーターの小川に生息していて、弱酸性の水質を好む。性質はおとなしく控えめ。10匹単位で購入し、群れで泳がせたい。

分布：マレーシア、ボルネオ、インドネシア
体長：5cm
水温：25～27℃
水質：弱酸性
水槽：30cm以上
エサ：人工飼料、生き餌
飼育難易度：ふつう

"プンティウス"・ロンボオケラートゥス

Desmopuntius rhomboocellatus

ドーナツ状のバンド模様が独特な、マニアに人気の高い小型種。性質は少々気の荒い面があるものの、混泳ができないほどではない。群泳させると美しい姿が楽しめる。

分布：ボルネオ　体長：5cm
水温：25～27℃　水質：弱酸性
水槽：36cm以上　エサ：人工飼料、生き餌
飼育難易度：ふつう

オデッサ・バルブ

Pethia padamya

ポピュラー種だがその正体は長らく不明で、発色のよさから改良品種だと思われていたが、採集個体が輸入されて種として存在することが判明した。性質はやや荒いところがある。

分布：ミャンマー　体長：6cm
水温：25～27℃　水質：弱酸性～中性
水槽：36cm以上　エサ：人工飼料、生き餌
飼育難易度：ふつう

チェッカー・バルブ

Oliotius oligolepis

じっくり飼い込むと鱗の輝きがより強くなり、各ヒレがオレンジ色に染まり見事な魚へと育つ。飼育の容易なポピュラー種だが、状態よく飼育すると本来の美しさを見せてくれる。

分布：スマトラ　体長：5cm
水温：25～27℃　水質：弱酸性～中性
水槽：30cm以上　エサ：人工飼料、生き餌
飼育難易度：やさしい

チェリー・バルブ

Puntius titteya

性質もおとなしく、混泳も問題なくできる、初心者にも勧められる魚だ。飼いこんでいくと、チェリーの名前に相応しい真っ赤な体色を見せてくれる。エサは何でもよく食べる。稀に採集個体が輸入される。

分布：スリランカ	体長：5cm
水温：25～27℃	水質：弱酸性～中性
水槽：30cm以上	エサ：人工飼料、生き餌
飼育難易度：やさしい	

プンティウス・ゲリウス

Pethia gelius

透き通った体がレモン色に発色する、古くから親しまれている小型種で、水草レイアウト水槽に合うので人気が高い。飼育は容易で、エサも何でもよく食べる。コンスタントに輸入されているので入手は容易。性質はとてもおとなしいので、混泳する魚は気の荒いものを避けたい。

分布：インド
体長：4cm
水温：25～27℃
水質：弱酸性～中性
水槽：30cm以上
エサ：人工飼料、生き餌
飼育難易度：やさしい

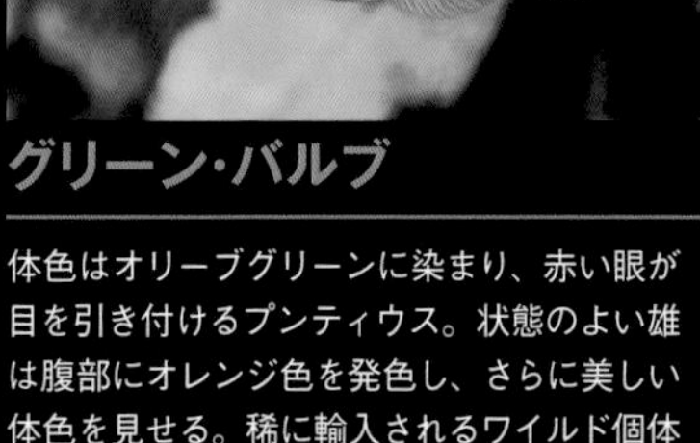

グリーン・バルブ

Barbodes semifasciolatus

体色はオリーブグリーンに染まり、赤い眼が目を引き付けるプンティウス。状態のよい雄は腹部にオレンジ色を発色し、さらに美しい体色を見せる。稀に輸入されるワイルド個体は特に美しい。

分布：中国南部
体長：6cm
水温：25～27℃
水質：弱酸性～中性
水槽：36cm以上
エサ：人工飼料、生き餌
飼育難易度：やさしい

ゴールデン・バルブ

Barbodes semifasciolatus var.

古くからのポピュラー種だが、正体のはっきりしない謎の魚でもある。グリーン・バルブの改良品種という説が有力とされている。非常に飼いやすく、太りやすいのでエサの与え過ぎに注意。

分布：改良品種	体長：6cm
水温：25～27℃	水質：弱酸性～中性
水槽：36cm以上	エサ：人工飼料、生き餌
飼育難易度：やさしい	

レッドライン・トーピード

Sahyadria denisonii

その美しさから初入荷時は衝撃的で、インド周辺の奥深さを思い知らされた。飼育は容易だが、痩せやすいので注意したい。やや大きくなる種類なので中型以上の水槽で飼育したい。

分布：インド	体長：15cm
水温：25～27℃	水質：弱酸性～中性
水槽：45cm以上	エサ：人工飼料、生き餌
飼育難易度：ふつう	

ドレープフィン・バルブ

Oreichthys crenuchoides

マントのような大きな背ビレが魅力の、不思議で独特の体形を持つ人気種。飼育は自体は容易だが、ヒレの美しさを維持するために、ヒレを噛る魚との混泳は避けたい。

分布：インド	体長：5cm
水温：25～27℃	水質：弱酸性～中性
水槽：36cm以上	エサ：人工飼料、生き餌
飼育難易度：ふつう	

レッドフィン・レッドノーズ

Sawbwa resplendens

小型美魚の代表種。状態のよい個体を群泳させると非常に魅力的だが、その体色を十分に発色させるのが難しい。中性の水質を好み、体に鱗がないため、水質の変化に敏感で、飼育はやや難しい。性質はおとなしく、小型種とも混泳が可能だ。

分布：ミャンマー
体長：4cm
水温：25～27℃
水質：中性～弱アルカリ性
水槽：36cm以上
エサ：人工飼料、生き餌
飼育難易度：やや難しい

レッドテール・ブラックシャーク

Epalzeorhynchus bicolor

染め分けられたように尾だけが赤い面白い体色。テリトリー意識が強く、特に同種や近縁種とは激しく争う。大きくなると凶暴化すると言われているが、体形が似ていない魚や小さな魚には興味を示さない場合もあり、混泳がうまくいくこともある。

分布：タイ
体長：15cm
水温：25～27℃
水質：弱酸性～中性
水槽：40cm以上
エサ：人工飼料、生き餌
飼育難易度：ふつう

アカヒレ

Tanichthys albonubes

最もポピュラーな観賞魚のひとつ。安価なので軽く見られがちだが、コイ科の魚独特の深みのある美しさを見せてくれる。飼育、繁殖ともに容易なので初心者にもお勧めだ。

分布：中国南部　体長：4cm
水温：15～25℃　水質：中性
水槽：30cm以上　エサ：人工飼料、生き餌
飼育難易度：やさしい

“ミクロラスボラ”・花火

Celestichthys margaritatus

ファイヤーワークス・ラスボラやギャラクシー・ラスボラなどの名前で知られる、ミャンマー産の美魚。その美しさから、日本初輸入からアッと言う間に人気定番種となった。

分布：ミャンマー　体長：3cm
水温：25～27℃　水質：中性～弱アルカリ性
水槽：30cm以上　エサ：人工飼料、生き餌
飼育難易度：ふつう

ダニオ・エリスロミクロン

Danio erythromicron

最近ではコンスタントな輸入があるが、以前は幻の魚とされていた。模様の個体差があるので整った個体を選びたい。物陰に隠れがちになるので、レイアウトに工夫が必要。

分布：ミャンマー　体長：3cm
水温：25～27℃　水質：中性～弱アルカリ性
水槽：30cm以上　エサ：人工飼料、生き餌
飼育難易度：ふつう

ゼブラ・ダニオ

Danio rerio

ポピュラーな熱帯魚で、入門種的存在。養殖も盛んなため価格も安く、飼育、繁殖ともに容易なことから初心者にもお勧め。安い魚だが侮れない美しさを持っている。

分布：インド　体長：4cm
水温：23～27℃　水質：中性
水槽：30cm以上　エサ：人工飼料、生き餌
飼育難易度：やさしい

ロングフィン・ゼブラダニオ
Danio rerio var.

ゼブラ・ダニオのヒレを長く大きく改良した品種。ヒラヒラと泳ぐ様が綺麗だが、大きなヒレの割に動きが速く、活発に水槽内を泳ぎ回る。エサを食べ過ぎるので要注意だ。

分布：改良品種	体長：4cm
水温：23～27℃	水質：中性
水槽：30cm以上	エサ：人工飼料、生き餌
飼育難易度：やさしい	

レオパード・ダニオ
Danio rerio var.

古くから知られている魚だが詳細が不明確で、古い時代にゼブラ・ダニオを改良されたものと言われている。ゼブラ・ダニオと同様に安価で飼育は容易。すぐに太ってしまうので注意したい。

分布：不明	体長：4cm
水温：23～27℃	水質：中性
水槽：30cm以上	エサ：人工飼料、生き餌
飼育難易度：やさしい	

オレンジグリッター・ダニオ
Danio choprai

その美しさからあっという間に人気を得たダニオで、鮮やかなオレンジや黄色が美しい。飼育は容易だが、同種間では常に小競り合いをするので、逃げ込める場所を作りたい。

分布：ミャンマー	体長：4cm
水温：23～25℃	水質：弱酸性～中性
水槽：30cm以上	エサ：人工飼料、生き餌
飼育難易度：やさしい	

“ラスボラ・アクセルロッディ”・ブルー
Sundadanio axelrodi

大変美しく絶大な人気を誇る、“ラスボラ・アクセルロッディ”のひとつ。他のタイプに比べ、環境にそれほど影響されることなくブルーメタリックの体色を発色してくれる。

分布：インドネシア	体長：3cm
水温：25～27℃	水質：弱酸性
水槽：30cm以上	エサ：人工飼料、生き餌
飼育難易度：やや難しい	

“ラスボラ・アクセルロッディ”・レッド
Sundadanio rubellas

赤色のラインと美しいメタリックグリーンを発色する美魚だが、本来の体色を発色させるのは難しい。最初に輸入されたのがこのタイプである。弱酸性の水質を好む。

分布：インドネシア	体長：3cm
水温：25～27℃	水質：弱酸性
水槽：30cm以上	エサ：人工飼料、生き餌
飼育難易度：やや難しい	

ダディブルジョリィ・ハチェットバルブ
Laubuka dadyburjory

この仲間の中では最も小さな種類で、ケラ属の魚としてはダントツの人気を誇る。ハチェットバルブの名があるが、他種に比べてハチェットバルブらしさはあまりない。

分布：インド、ミャンマー	体長：4cm
水温：25～27℃	水質：弱酸性～中性
水槽：30cm以上	エサ：人工飼料、生き餌
飼育難易度：ふつう	

バタフライ・バルブ
Enteromius hulstaerti

かつては小型魚愛好家がその入荷を熱望する魚だったが、最近では輸入量が増えており、根強い人気を獲得している。光の当たる角度によってブルーにも見える体側の3つのスポット模様が最大の特徴だ。

分布：コンゴ、アンゴラ
体長：3cm
水温：25～27℃
水質：弱酸性～中性
水槽：30cm以上
エサ：人工飼料、生き餌
飼育難易度：やや難しい

バルブス・ヤエ
Enteromius jae

洋書などで存在は知られていても、入荷のない幻の魚だったが、現在はコンスタントに輸入されている。だが、輸入状態は良くないことが多いので、しっかりトリートメントされた個体を選びたい。

分布：西アフリカ
体長：3cm
水温：25～27℃
水質：弱酸性
水槽：30cm以上
エサ：人工飼料、生き餌
飼育難易度：やや難しい

アンゴラ・バルブ

Enteromius fasciolatus

アフリカ産バルブとしては古くから知られているポピュラー種。弱酸性の軟水を好むが、比較的丈夫で飼いやすい。状態のよい環境で飼うと赤味が強くなって素晴らしい体色になる。

分布：西アフリカ　体長：5cm
水温：25～27℃　水質：弱酸性～中性
水槽：30cm以上　エサ：人工飼料、生き餌
飼育難易度：ふつう

サイアミーズ・フライングフォックス

Crossocheilus oblongus

水槽内や水草のコケを食べてくれるコケ取り魚の中でも、最も人気が高い種類。その理由は、性格がおとなしく他の魚を攻撃しないので、小型魚との混泳も可能なため。

分布：タイ、マレーシア、インドネシア、
体長：10cm　水温：25～27℃
水質：中性　水槽：40cm以上
エサ：人工飼料、生き餌　飼育難易度：ふつう

アルジー・イーター

Gyrinocheilus aymonieri

吸盤状の口でコケを食べるが、15cmほどになるので小型水槽には向かない。成長に伴い気性が荒くなり、他魚の体表をなめたり、あまりコケを食べなくなってしまう短所がある。

分布：タイ　体長：15cm
水温：25～27℃　水質：中性
水槽：45cm以上　エサ：人工飼料、生き餌
飼育難易度：やさしい

ガラ・ルファ

Garra rufa

古い角質などを食べてくれることから、ドクター・フィッシュの名で一躍有名になった魚。人だけでなく、他の魚の体表もなめてしまうので混泳は難しく、本種のみでの飼育がお勧めだ。

分布：西アジア　体長：10cm
水温：24～28℃　水質：中性
水槽：36cm以上　エサ：人工飼料、生き餌
飼育難易度：ふつう

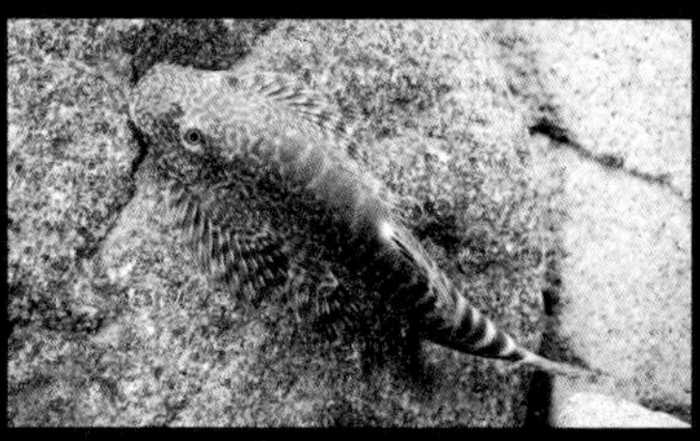

ホンコンプレコ

Pseudogastromyzon myersi

古くから輸入されているタニノボリの仲間。この仲間は渓流域の岩場などに張り付いて藻類を食べている。飼育自体は容易で、水槽内では人工飼料や動物性のエサも食べてくれる。

分布：中国、香港島　体長：7cm
水温：20～25℃　水質：中性
水槽：36cm以上　エサ：人工飼料、生き餌
飼育難易度：ふつう

クーリー・ローチ

Pangio kuhlii

ひと言でクーリー・ローチと言っても、その中には数種類が含まれており、大抵は区別されることなく売られている。複数の種類が混ざっているため、模様にバリエーションがある。

分布：東南アジア　体長：9cm
水温：25～27℃　水質：弱酸性～中性
水槽：30cm以上　エサ：人工飼料、生き餌
飼育難易度：ふつう

ドワーフ・ボティア

Ambastatia sidthimunki

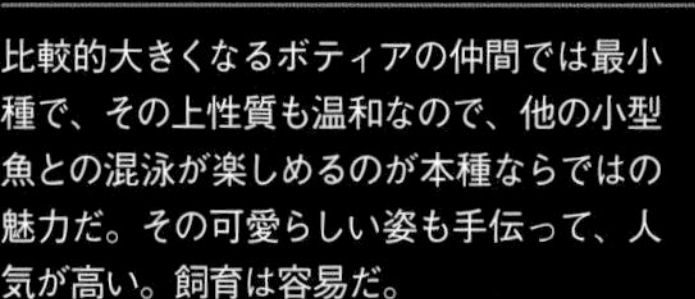

比較的大きくなるボティアの仲間では最小種で、その上性質も温和なので、他の小型魚との混泳が楽しめるのが本種ならではの魅力だ。その可愛らしい姿も手伝って、人気が高い。飼育は容易だ。

分布：タイ
体長：4cm
水温：25～27℃
水質：弱酸性～中性
水槽：30cm以上
エサ：人工飼料、生き餌
飼育難易度：ふつう

クラウン・ローチ

Chromodotia macracanthus

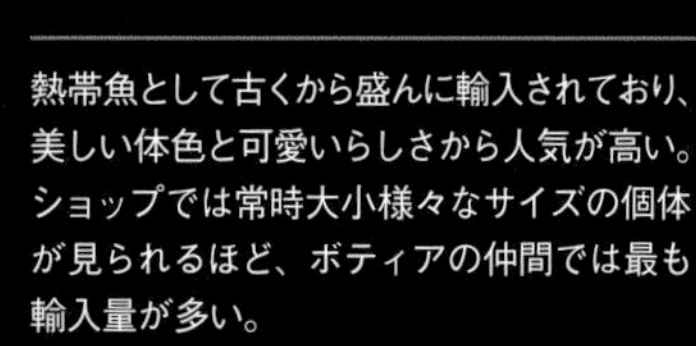

熱帯魚として古くから盛んに輸入されており、美しい体色と可愛いらしさから人気が高い。ショップでは常時大小様々なサイズの個体が見られるほど、ボティアの仲間では最も輸入量が多い。

分布：インドネシア
体長：10cm以上
水温：25～28℃
水質：中性
水槽：45cm以上
エサ：人工飼料、生き餌
飼育難易度：ふつう

4 シクリッドの仲間

エンゼル・フィッシュやディスカスなど、熱帯魚の代名詞と言ってもよい魚たちがシクリッドの仲間。小型のアピストグラマの人気も高い。多くのこの仲間が子育てをするも魅力的だ。

エンゼル・フィッシュ *Pterophyllum scalare*

美しいフォルムで永きに渡り親しまれている代表的な熱帯魚。改良品種が多く、それらと区別する意味から並エンゼルと呼ばれる。養殖ものの他、現地採集個体も輸入されてくる。輸入状態が悪くなければ丈夫だ。

分布：アマゾン河
体長：12cm
水温：25～27℃
水質：弱酸性～中性
水槽：60cm以上
エサ：人工飼料、生き餌
飼育難易度：やさしい

ゴールデン・エンゼル

Pterophyllum scalare var.

エンゼル・フィッシュの改良品種の中でも、並エンゼルの次くらいに選ばれる超定番品種とも言えるのがゴールデン・エンゼルだろう。黒い部分のないオレンジ色の体色は、可愛らしい印象を与える。

分布：改良品種	体長：12cm
水温：25～27℃	水質：弱酸性～中性
水槽：60cm以上	エサ：人工飼料、生き餌
飼育難易度：ふつう	

ブラック・エンゼル

Pterophyllum scalare var.

数多くある改良品種の中でも、古くから定番的人気を誇っている品種。真っ黒なものほどよいとされるが、全身真っ黒な個体は少なくなっている印象。成長すると目も赤くなり、妖艶な魅力を醸し出す。

分布：改良品種	体長：12cm
水温：25～27℃	水質：弱酸性～中性
水槽：60cm以上	エサ：人工飼料、生き餌
飼育難易度：ふつう	

アルタム・エンゼル

Pterophyllum altum

素晴らしい体形を持ったワイルド・エンゼルの代表種。幼魚がコンスタントに輸入されるが輸入状態が悪いことが多く、飼育難易度はその輸入状態に左右される。ショップでしっかりトリートメントされたものを購入したい。

分布：オリノコ川水系
体長：18cm
水温：25～27℃
水質：弱酸性～中性
水槽：60cm以上
エサ：人工飼料、生き餌
飼育難易度：やや難しい

ディスカス *Symphysodon aequifasciatus spp.*

現地採集個体の他にも、ブリードものや、様々な改良品種が作出され、愛好家によるコンテストなども盛んに行われている。熱帯魚に興味のある人なら誰でも知っている魚だ。現在では品種にこだわらなければ安価で買えるものも増えているので、誰もが飼育を楽しめる熱帯魚のひとつとなっている。ディスカスハンバーグなど専用のエサも開発されており、飼育自体は難しくない。繁殖形態も独特で、体表からディスカスミルクと呼ばれるミルク状の分泌液を出し、それを稚魚に与えて育てることでも有名。

分布：アマゾン河	体長：18cm
水温：27～30℃	水質：弱酸性～中性
水槽：60cm以上	エサ：人工飼料、生き餌
飼育難易度：ふつう	

ブラウン・ディスカス

古くから輸入されている最もポピュラーなディスカス。現地採集ものでは、赤みの強い個体群が多く輸入されるようになっている。

ブルー・ディスカス

その名の通り、ブルーのラインが美しいディスカス。発色がよい個体は大変素晴らしく、また、そうした個体は高価である。

グリーン・ディスカス

人気の高いワイルド・ディスカス。グリーン・ディスカスはスプレーで吹き付けたようなグリーンの発色があるのが特徴だ。

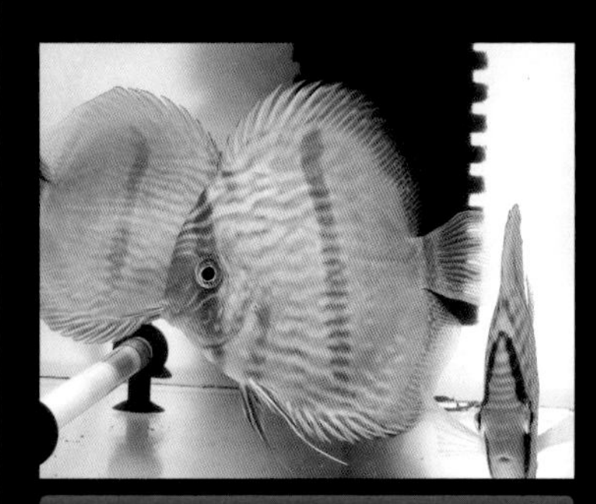

ヘッケル・ディスカス

Symphysodon discusという別の種類群のディスカス。第5番目のラインが太くなる独特な色彩を持っているのが特徴。

ロートターキス

最近になって再び人気が上がっている、改良品種のひとつ。その品種名が示すように、赤さが魅力の古くからの定番種だ。

ブルーダイヤモンド

全身がスカイブルーに染まる非常に美しい品種で、登場以来ファンを魅了し続けている。写真はセレッシャルと呼ばれるタイプ。

チェッカーボード・シクリッド
Dicrossus filamentosus

尾ビレのライアーテールが美しい、南米産小型シクリッドの中でも人気の高い魚。性質もおとなしく、水質の急変を避ければ飼育は難しくないが、繁殖は少々難しい。名前の由来は、体側のチェック模様から。

分布：アマゾン河、ネグロ川
体長：8cm
水温：25〜27℃
水質：弱酸性〜中性
水槽：36cm以上
エサ：人工飼料、生き餌
飼育難易度：ふつう

ミクロゲオファーガス・ラミレジィ
Mikrogeophagus ramirezi

可愛らしく、飼育、繁殖ともに容易。しかも綺麗と、3拍子揃った人気種。現地採集ものはあまりないが、東南アジアやヨーロッパで養殖されたものが大量に輸入され、改良品種なども作出されている。

分布：コロンビア
体長：7cm
水温：25〜27℃
水質：弱酸性〜中性
水槽：36cm以上
エサ：人工飼料、生き餌
飼育難易度：やさしい

ブルーダイヤモンド・ラム
Mikrogeophagus ramirezi var.

コバルトブルー・ラムという名前で流通していることもあるラミレジィの改良品種。飼育、繁殖については原種と変わらない。寸詰まったバルーンタイプもいる。

分布：改良品種　体長：7cm
水温：25〜27℃　水質：弱酸性〜中性
水槽：36cm以上　エサ：人工飼料、生き餌
飼育難易度：やさしい

アピストグラマ・アガシジィ
Apistogramma agassizii

代表的なアピストグラマで、アマゾン広域に分布している。そのため、色彩などが異なる地域変異も数多く見られ、スーパーレッドなどの改良品種も人気が高い。

分布：アマゾン河広域　体長：7cm
水温：25〜27℃　水質：弱酸性〜中性
水槽：36cm以上　エサ：人工飼料、生き餌
飼育難易度：やさしい

アピストグラマ・メンデジィ
Apistogramma mendezii

ネグロ川に生息し、上流部か中流部かによって尾ビレの模様がスポット状からライン状の違いがみられる。アピストグラマ人気の火付け役となった美種で、現在も人気が高い。

分布：ネグロ川　体長：8cm
水温：25〜27℃　水質：弱酸性〜中性
水槽：36cm以上　エサ：人工飼料、生き餌
飼育難易度：ふつう

アピストグラマ・エリザベサエ
Apistogramma elizabethae

最も人気の高いアピストグラマのひとつ。様々な産地からの輸入が見られるが、どこまで違いがあるかは判別が難しい。伸長した背ビレや、スペード状の尾ビレが美しい代表的な美種だ。

分布：ネグロ川上流　体長：8cm
水温：25〜27℃　水質：弱酸性〜中性
水槽：36cm以上　エサ：人工飼料、生き餌
飼育難易度：ふつう

アピストグラマ・ビタエニアータ
Apistogramma bitaeniata

古くから知られているポピュラー種だが、アピストグラマの中でも最も美しいといわれることもある美種。飼育、繁殖ともに容易な上、広域分布種のため地域変異が豊富で、コレクション性が高いのも魅力だ。

分布：アマゾン河広域　体長：8cm
水温：25～27℃　水質：弱酸性～中性
水槽：36cm以上　エサ：人工飼料、生き餌
飼育難易度：やさしい

アピストグラマ・カカトゥオイデス
Apistogramma cacatuoides

力強い顔つきが魅力的なポピュラー種。その他の種類と同じく、地域変異が豊富で、改良品種も数多く作出されている。好みの個体を選ぶ楽しみもある。飼育は容易。

分布：コロンビア、ペルー　体長：8cm
水温：25～27℃　水質：弱酸性～中性
水槽：36cm以上　エサ：人工飼料、生き餌
飼育難易度：やさしい

アピストグラマの1種“ロートカイル”
Apistogramma sp. "ROT-KEIL"

ライアーテールが素晴らしい、非常に優雅な姿をした種類。以前はドイツからしか輸入されなかったが、現地からの輸入もある。ヒレを齧る魚との混泳は避け、ペアで飼育をしたい。

分布：ネグロ川
体長：8cm
水温：25～27℃
水質：弱酸性～中性
水槽：36cm以上
エサ：人工飼料、生き餌
飼育難易度：ふつう

アピストグラマ・ボレリィ
Apistogramma borellii

パラグアイ水系に広く分布する、古くから輸入されるポピュラー種。地域変異やカラーバリエーションが多く、それらのブリード個体が輸入されている。飼育が容易な入門種。

分布：パラグアイ水系　体長：7cm
水温：25～27℃　水質：弱酸性～中性
水槽：36cm以上　エサ：人工飼料、生き餌
飼育難易度：やさしい

アピストグラマ・トリファスキアータ
Apistogramma trifasciata

5大アピストと呼ばれる5大メジャー種のひとつで、美しい青い体色と背ビレが美しく伸長する素晴らしいシルエットが魅力。南米からコンスタントに輸入される人気種だ。

分布：パラグアイ水系　体長：6cm
水温：25～27℃　水質：弱酸性～中性
水槽：36cm以上　エサ：人工飼料、生き餌
飼育難易度：ふつう

ペルヴィカクロミス・プルケール
Pelvicachromis pulcher

東南アジアで養殖されたものが、コンスタントかつ大量に輸入されている古くからのポピュラー種で、飼育、繁殖ともに容易。腹部中央付近にピンク色を発色して美しくなる。

分布：ナイジェリア、カメルーン
体長：10cm　水温：25～27℃
水槽：36cm以上　エサ：人工飼料、生き餌
水質：弱酸性～中性　飼育難易度：ふつう

ペルヴィカクロミス・タエニアートゥス

Pelvicachromis taeniatus

南米のアピスト同様、多くの地域変異が知られ、採集地の名前が付けられて別の種類のように流通している。コレクション性に優れており、愛好家を中心に人気を博している。

分布：西アフリカ	体長：8cm
水温：25～27℃	水槽：36cm以上
エサ：人工飼料、生き餌	水質：弱酸性～中性
飼育難易度：ふつう	

アノマロクロミス・トーマシィ

Anomalochromis thomasi

有名なアフリカ産のドワーフ・シクリッドのひとつで、全身にブルーのスポットが散りばめられた体色が美しい。水槽内にはびこる貝を食べてくれることでも知られている。そのため、水草レイアウト内で見る機会が多い。

分布：シェラレオーネ
体長：7cm
水温：25～27℃
水槽：36cm以上
エサ：人工飼料、生き餌
水質：弱酸性～中性
飼育難易度：やさしい

ジュリドクロミス・オルナトゥス

Julidochromis ornatus

タンガニイカ湖産のシクリッドの中でも古くからのポピュラーな魚。飼育、繁殖ともに容易で、水槽内に岩組みなどを入れておくと、知らない間に稚魚が泳いでいることも。

分布：タンガニイカ湖
体長：8cm
水温：25～27℃
水槽：60cm以上
エサ：人工飼料、生き餌
水質：中性～弱アルカリ性
飼育難易度：やさしい

ラビドクロミス・カエルレウス

Labidochromis caeruleus

代表的なムブナ（マラウィ湖産コケ食性シクリッドの総称）の1種。性質は荒いが、同属の他種と比べると、幾分おとなしい。同種、近縁種を中心に多数匹で飼うとよいだろう。

分布：マラウィ湖	体長：8cm
水温：25～27℃	水槽：60cm以上
エサ：人工飼料、生き餌	水質：中性～弱アルカリ性
飼育難易度：やさしい	

アーリー

Sciaenochromis fryeri var.

古くから“アーリー”の名で親しまれる美しいアフリカン・シクリッドの代表種。養殖の過程で、他種との交雑が進んでしまったが、ブルーの鮮やかさは不変。飼育は容易。

分布：マラウィ湖	体長：15cm
水温：25～27℃	水槽：60cm以上
エサ：人工飼料、生き餌	水質：中性～弱アルカリ性
飼育難易度：やさしい	

イエロー・ピーコック

Aulonocara baensci

マラウィ湖産のシクリッドはブルーというイメージが強い中、美しい黄色のシクリッドがいることを教えてくれた魚だ。古くからの定番種で、飼育は容易。近縁種も多くいる。

分布：マラウィ湖	体長：12cm
水温：25～27℃	水槽：60cm以上
エサ：人工飼料、生き餌	水質：中性～弱アルカリ性
飼育難易度：やさしい	

5 アナバスの仲間

ベタやグーラミィなど、魅力的な魚が知られるアナバスの仲間。
水面から直接空気をエラに取り込める面白い生態も人気の秘密。
また、繁殖形態も面白い種類が多い。

ドワーフ・グーラミィ

Trichogaster lalius

古くからポピュラーな熱帯魚のひとつで、色彩の綺麗さ、可愛らしさから人気の高いグーラミィ。養殖されたものがコンスタントに輸入されているので、ショップで常に見ることができ、安価で購入できる。とても飼いやすく、性質も温和。水草を植えた水草で小型魚と混泳するのに最適な種類と言える。

分布：インド、バングラデシュ	体長：5cm
水温：25～28℃	水質：弱酸性～中性
水槽：36cm以上	エサ：人工飼料、生き餌
飼育難易度：やさしい	

サンセット・ドワーフグーラミィ *Trichogaster lalius var.*

青さを強化したネオン・ドワーフグーラミィやコバルト・ドワーフグーラミィとは逆に、青い部分を取り去ってオレンジ色の部分を拡大した改良品種。青い個体とはまた違った美しさがあり、また、飼育が容易で安価で買える点など、初心者でも気軽に楽しめるのも大きな魅力だ。

分布：改良品種
体長：5cm
水温：25～28℃
水質：弱酸性～中性
水槽：36cm以上
エサ：人工飼料、生き餌
飼育難易度：やさしい

コバルト・ドワーフグーラミィ

Trichogaster lalius var.

ネオン・ドワーフグーラミィの青さをさらに強化改良した品種。オレンジのラインがほとんどなく、全身、ヒレの先までがブルー一色に包まれるインパクトの強い品種。飼育はオリジナル種同様容易だが、輸入状態が悪いことが多く、入荷直後は若干弱い面がある。

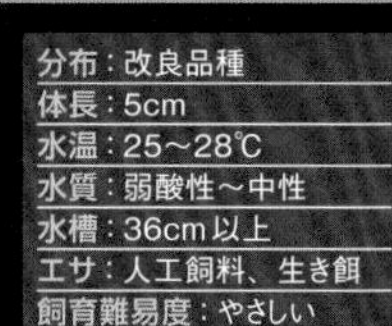
分布：改良品種
体長：5cm
水温：25～28℃
水質：弱酸性～中性
水槽：36cm以上
エサ：人工飼料、生き餌
飼育難易度：やさしい

レッド・グーラミィ

Trichogaster labiosa var.

ドワーフ・グーラミィとよく似たシックリップ・グーラミィの改良品種。シックリップ・グーラミィの輸入はほとんどないが、このレッド・グーラミィは輸入量も多く、見かける機会も多い。ドワーフ・グーラミィより大きくなるが、混泳水槽での飼育が可能。

分布：改良品種
体長：6cm
水温：25～28℃
水質：弱酸性～中性
水槽：36cm以上
エサ：人工飼料、生き餌
飼育難易度：やさしい

ハニードワーフ・グーラミィ

Trichogaster chuna

インドのアッサム地方に生息している小型のグーラミィ。状態がよい個体は喉から腹部にかけて黒く染まり、渋い魅力も持っている。現地採集個体の輸入は少ない。

分布：インド　アッサム地方
体長：4cm　水温：25～28℃
水質：弱酸性～中性　水槽：36cm以上
エサ：人工飼料、生き餌　飼育難易度：やさしい

ゴールデン・ハニードワーフグーラミィ

Trichogaster chuna var.

ハニードワーフ・グーラミィの改良品種で、オリジナル種よりもポピュラーな存在だ。明るい黄色の体色が可愛らしい。性質はとてもおとなしいため、小型種だけで飼育したい。

分布：改良品種　体長：4cm
水温：25～28℃　水質：弱酸性～中性
水槽：36cm以上　エサ：人工飼料、生き餌
飼育難易度：やさしい

スリースポット・グーラミィ

Trichopodus trichopterus

古くから知られる非常にポピュラーなグーラミィで、本種をベースに様々な改良品種が作出されている。名前の由来でもある体側のスポットが特徴だが、養殖個体では薄れてきている。

分布：東南アジア　体長：10cm
水温：25～29℃　水質：弱酸性～中性
水槽：40cm以上　エサ：人工飼料、生き餌
飼育難易度：やさしい

ゴールデン・グーラミィ

Trichopodus trichopterus var.

スリースポット・グーラミィの改良品種のひとつで、黄化個体を固定したもの。これらの改良品種は東南アジアで養殖されたものが大量輸入され、安価で購入することができる。

分布：改良品種　体長：10cm
水温：25～29℃　水質：弱酸性～中性
水槽：40cm以上　エサ：人工飼料、生き餌
飼育難易度：やさしい

パール・グーラミィ

Trichopodus leeri

全身にちりばめられたスポット模様が美しい、アナバスの仲間の代表的な美魚として、古くから人気の高いポピュラーな熱帯魚。成長すると尻ビレが伸長し、見事な姿となる。

分布：マレー半島、スマトラ島、ボルネオ島
体長：12cm　水温：25～29℃
水質：弱酸性～中性　水槽：45cm以上
エサ：人工飼料、生き餌　飼育難易度：やさしい

シルバー・グーラミィ

Trichogaster microlepis

全身ピカピカの金属光沢を放つ細かい鱗に覆われた、幻想的な雰囲気を持つ種類。細かい鱗ははがれ易く、網などですくう際には要注意。飼育は容易で、エサは何でもよく食べる。

分布：タイ、カンボジア　体長：14cm
水温：25～29℃　水質：弱酸性～中性
水槽：45cm以上　エサ：人工飼料、生き餌
飼育難易度：やさしい

キッシング・グーラミィ
Helostoma temminckii var.

口と口を合わせるキスをするような行動が面白い人気種だが、そのキスは実は威嚇行動の一種。大きく成長し、やや気も荒いので混泳には注意が必要。飼育には45㎝以上の水槽が欲しい。

分布：改良品種　体長：20cm
水温：25～29℃　水質：弱酸性～中性
水槽：45cm以上　エサ：人工飼料、生き餌
飼育難易度：やさしい

ブラック・パラダイスフィッシュ
Macropodus erythropterus

ヒレの伸長する美しいパラダイス・フィッシュの仲間。同種間では激しく闘争する。ペアでの飼育が適しているが、最初はメスを隔離できる準備をしておくと安心だ。

分布：中国南部、ベトナム周辺
体長：13cm　水温：25～28℃
水質：弱酸性～中性　水槽：40cm以上
エサ：人工飼料、生き餌　飼育難易度：ふつう

チョコレート・グーラミィ
Sphaerichthys osphromenoides

マニアを中心に人気の高い魚で、コンスタントに輸入されている。しかし、輸入状態が悪いと飼育は難しい。弱酸性の軟水を常にキープし、単独種飼育が望ましい。生き餌を好む。

分布：マレー半島南部、スマトラ島
体長：5cm　水温：25～28℃
水質：弱酸性　水槽：36cm以上
エサ：生き餌　飼育難易度：難しい

スファエリクティス・バイランティ
Sphaerichthys vaillanti

以前は輸入のなかった幻の魚だったが、最近では少量ではあるもののコンスタントな輸入がある。チョコレート・グーラミィの仲間としては飼育が容易で、繁殖も狙える。

分布：ボルネオ島　体長：6cm
水温：25～28℃　水質：弱酸性
水槽：36cm以上　エサ：生き餌
飼育難易度：やや難しい

ピグミー・グーラミィ
Trichopsis pumilus

最も小さいグーラミィのひとつだが、輸入量の多いポピュラー種で、ショップでも常に見ることができる魚だ。飼育自体は容易だが、エサがしっかり行き渡るように注意したい。

分布：タイ、マレーシア、カンボジア
体長：4cm　水温：25～28℃
水質：弱酸性～中性　水槽：30cm以上
エサ：人工飼料、生き餌　飼育難易度：やさしい

リコリス・グーラミィ
Parosphromenus tweediei

種類の多いリコリス・グーラミィの代表的な種類で、その名前で販売されているのが本種。状態があがると、体側に赤いラインを発色し美しくなる。飼育はやや難しく、混泳には向かない。

分布：スマトラ島、バンカ島、マレー半島
体長：3.5cm　水温：25～28℃
水質：弱酸性　水槽：30cm以上
エサ：生き餌　飼育難易度：やや難しい

パロスフロメヌス・パルディコラ
Parosphromenus paludicola

他のリコリス・グーラミィに比べると、体高のある独特の体形が特徴的。また、ピンテールも特徴的だ。ヒレ全体が赤紫色に染まり、各ヒレのエッジが青白くなる美種でもある。弱酸性の軟水を好むのは同じだが、他種と違いクリアウォーターでも十分に発色する。

分布：マレー半島
体長：4cm
水温：25～28℃
水質：弱酸性
水槽：30cm以上
エサ：生き餌
飼育難易度：やや難しい

"ドーサルスポット"リコリス・グーラミィ
Parosphromenus sumatoranus

比較的古くから輸入されているリコリス・グーラミィの1種だが、以前は正体が分かっていない魚でもあった。背ビレのスポットから"ドーサルスポット"と呼ばれる。弱酸性の軟水で、できればブラックウーターでの飼育が望ましい。

分布：スマトラ島
体長：3cm
水温：24～28℃
水質：弱酸性
水槽：30cm以上
エサ：生き餌
飼育難易度：やや難しい

ショー・ベタ *Betta splendens var.*

一般的に販売されるトラディショナル・ベタをベースに、ヒレや体形、色彩を改良し、コンテストなどで競い合えるクオリティに仕上げたものがショー・ベタだ。ベタの改良品種の最高峰の位置づけとなる。尾ビレの条数が多くされ、大きく広がるヒレが特徴。現在は尾ビレが半月状に広がるハーフムーンと呼ばれる品種が人気。そのヒレを美しく保つのは難しい。価格は品種のランクによって異なる。

分布：改良品種	体長：7cm
水温：24～28℃	水質：弱酸性～中性
水槽：30cm以上	エサ：人工飼料、生き餌
飼育難易度：やや難しい	

ソリッド・レッド

全身が単色の、ソリッド系と呼ばれるタイプ。写真は全身が赤1色に染まる、ソリッド・レッド。個体によって体色には個性がある。

ブルー

ブルー系品種。青の発色は光の当たる角度によって変わる。頭部の色彩は色々なタイプが見られる。

バイオレッドバタフライ

各ヒレのエッジの色が変化する美しい品種。花が咲いたような尾ビレは見惚れるほどに美しい。基調色はピンク～紫のものが多い。

プラチナダンボ・ハーフムーン

光沢のあるホワイトが素晴らしい品種。ダンボと呼ばれる胸ビレの大きい品種は人気が高い。

トラディショナル・ベタ *Betta splendens var.*

熱帯魚ショップでよく見かける、ビンやコップに入って売られているのがこの魚。ベタ・スプレンデンスを改良したロングフィンタイプで、ポピュラーなベタとして古くから親しまれている。闘争心がとても強く、オスを同じ水槽に入れると激しく争い相手を殺してしまうため、同種間での混泳はできない。ビンで一匹ずつ管理されているのもそのため。水換えをしっかりすれば、小さな容器でも飼育が可能だが、ビンやコップでの飼育はお勧めしない。

分布：改良品種
体長：7cm
水温：23～28℃
水質：弱酸性～中性
水槽：30cm以上
エサ：人工飼料、生き餌
飼育難易度：やさしい

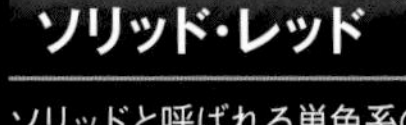

ソリッド・レッド

ソリッドと呼ばれる単色系の代表品種。誰もが美しいと思う真っ赤な体色を持っている。個体差がないように見えるのだが、個体それぞれが違うものを持っているのが面白い。

ブルー

ソリッド・レッドと同じソリッド系の品種。ソリッド系でも全身が真っ青なものより、写真のようにやや赤が入っている個体が多い。

スーパー・ホワイト

ホワイト系のベタの中でもこの個体のようにベッタリと白がのる個体はスーパー・ホワイトと呼ばれる。奇形が多いので注意したい。

オレンジ

単色系の品種だが、透明感があるヒレが美しい。オレンジと言っても輸入される個体は様々なので、好みの個体を購入したい。

バタフライ

派手な色彩の人気品種。同じ色合いの個体はいないと言えるほど体色は様々なので、この系統だけで集めたくなってくる。

ワイルドカラー・クラウンテール

ブルーとレッドのカラーバランスがよい品種。王冠の様なヒレを大切にするために、日常の水質管理をしっかり行うようにする。

レッド・ダブルテール

ダブルテールと呼ばれる尾ビレが2つに分かれた品種。ダブルテールの品種は背ビレの条数が多く、より豪華な印象なのが特徴だ。

プラガット *Betta splendens var.*

元はタイで闘魚として作出されたもので、その中から色彩的に優れた個体を観賞用に移行した魚達である。観賞用プラガットはショートフィンとも呼ばれ、タイではポピュラーな観賞魚である。日本でも最近は輸入量も増え、多くの品種を見ることができる。ロングフィンのベタと同様、様々な色彩のものがいる。もともと好戦的な闘魚なので単独飼育が鉄則。小さなケースでも飼育可能だが、こまめな水換えなど少々コツが必要なので、水換え用の溜め水を用意しておくとよいだろう。飼育自体は難しくない。

分布：改良品種
体長：7cm
水温：24～28℃
水質：弱酸性～中性
水槽：30cm以上
エサ：人工飼料、生き餌
飼育難易度：やさしい

ソリッド・レッド

赤単色のソリッド系のプラガット。真っ赤に染まる体は目を引く存在で、最初の1匹としてビギナーに人気。だが、最近は色々面白い品種が多いので、ソリッド系は少ない傾向がある。

グリーンレッド

メタリックなブルーの発色を見せる、ソリッド系のプラガット。光の当たり方次第で違った色にも見えるので見飽きない。

マスタード・ドラゴン

イエローを基本にしたメタリックな体色が素晴らしい品種。

ファンシートリカラー

一匹として同じ柄の個体がいないと言えるほどのバリエーションが魅力のファンシー系の品種。プラガットでは最近多く見られる。

ギャラクシードラゴン・ダンボ

ギャラクシー系のダンボ・タイプ。作出国のタイでは、胸ビレを象の耳に見立て、象を意味するチャーン・ベタとも呼ばれる。

コイベタ

近年人気の高いコイベタと呼ばれる品種。この個体は赤の発色が強いタイプ。

ジャイアント・レッドドラゴン

ジャイアントと呼ばれる大型個体の品種。カラーバリエーションも増えて、目の離せない品種だ。

ベタ・イムベリス *Betta imbellis*

改良品種以外のベタ属の魚はワイルド・ベタと呼ばれているが、その中でも本種は古くから輸入されている種類。地域変異が見られ、数タイプが知られる。体色を引き出すには、弱酸性の軟水で飼育したい。

分布：タイ、マレーシア	体長：5cm
水温：25～28℃	水質：弱酸性
水槽：30cm以上	エサ：人工飼料、生き餌
飼育難易度：ふつう	

ベタ・スマラグディナ *Betta smaragdina*

状態よく飼うとブルーグリーンの発色が強くなる美しいワイルド・ベタ。採集地によって差が見られるため、採集地の名が付いて輸入される。ベタの中では穏和だが、やはりペアで飼育したい魚である。

分布：タイ、ラオス
体長：6cm
水温：25～28℃
水質：弱酸性
水槽：30cm以上
エサ：人工飼料、生き餌
飼育難易度：ふつう

ベタ・マハチャイ *Betta mahachaiensis*

バンコク近郊のマハチャイに生息する美しいベタ。マハチャイは海に近く、生息地も海の影響がある場所だが、中性前後の水質で問題なく飼育できる。スペード状の尾ビレが特徴的。

分布：タイ
体長：6cm
水温：25～28℃
水質：中性
水槽：30cm以上
エサ：人工飼料、生き餌
飼育難易度：ふつう

ベタ・コッキーナ *Betta coccina*

赤ベタとは、細身で赤系の体色を持ったワイルド・ベタのことで、本種はそのポピュラー種。この仲間の中では古くから輸入されている。弱酸性のブラックウォーターでの飼育が望ましい。

分布：スマトラ	体長：5cm
水温：23～27℃	水質：弱酸性
水槽：30cm以上	エサ：生き餌
飼育難易度：ふつう	

ベタ・ヘンドラ *Betta hendra*

各ヒレに特徴的なブラックスポットを持った美種で、赤ベタの仲間とは思えない程の強いブルーを発色する新しいベタ。体形は赤ベタなのに驚きの体色だ。最近では輸入量も増えている。

分布：ボルネオ島（カリマンタン）	
体長：5cm	水温：25～28℃
水質：中性	水槽：30cm以上
エサ：生き餌	飼育難易度：ふつう

ベタ・シンプレックス *Betta simplex*

クリアウォーターの環境であるタイ南部のクラビに生息し、生息地は弱アルカリ性の水質だが、中性前後の水質で問題なく飼える。この仲間の中では輸入量が多く、入手は容易。

分布：タイ	体長：6cm
水温：23～28℃	水質：中性～弱アルカリ性
水槽：30cm以上	エサ：人工飼料、生き餌
飼育難易度：ふつう	

ベタ・ルブラ

Betta rubra

スマトラ島北部に生息する小型種で、赤の発色が素晴らしい美種。不定期ながら、輸入量が増えてきているのが嬉しい。飼育、繁殖もそれほど難しくないようだ。

分布：スマトラ島、ボルネオ島	
体長：6cm	水温：25～28℃
水質：弱酸性	水槽：36cm以上
エサ：人工飼料、生き餌	飼育難易度：ふつう

ベタ・フォーシィ

Betta foerschi

ブルーの体色と鰓蓋の赤のコントラストが素晴らしいワイルド・ベタ。一時期は大量に輸入されていたが、最近では輸入量も少なくなっている。繁殖はやや難しい部類に入る。

分布：ボルネオ島	体長：8cm
水温：23～27℃	水質：弱酸性
水槽：36cm以上	エサ：人工飼料、生き餌
飼育難易度：ふつう	

ベタ・アルビマルギナータ

Betta albimarginata

最も小さいマウスブルーディング・ベタのひとつ。赤の発色とヒレのエッジの白が素晴らしい。最近では輸入量も増えて入手しやすくなっている。飼育、繁殖ともに難しくない。

分布：ボルネオ島	体長：5cm
水温：23～27℃	水質：弱酸性
水槽：30cm以上	エサ：人工飼料、生き餌
飼育難易度：ふつう	

ベタ・マクロストマ *Betta macrostoma*

ブルネイとその近隣のジャングルの奥地に生息する“ブルネイビューティー”の通称もある美種で、ワイルド・ベタの最高峰として君臨し続けている。輸入量が少なく高価。飼育も難しいベタである。

分布：ボルネオ島	体長：10cm
水温：23～25℃	水質：弱酸性
水槽：45cm以上	エサ：人工飼料、生き餌
飼育難易度：難しい	

ミクロクテノポマ・アンソルギー

Microctenopoma ansorgii

アフリカに生息する小型アナバンテッド。飼育には流木などでシェルターを多く作るとよい。黒とオレンジの美しい横縞を見せてくれる。輸入状態がよければ飼育は難しくない。

分布：中央アフリカ（ザイール）	
体長：6cm	水温：25～28℃
水質：弱酸性～中性	水槽：36cm以上
エサ：人工飼料、生き餌	飼育難易度：ふつう

ミクロクテノポマ・ファスキオラートゥム

Microctenopoma fasciolatum

ブルーの発色が美しいアフリカ産の小型アナバンテッド。前種のアンソルギーと比べると大きくなるが、小型の水槽で飼育が可能。オス同士は争うので、ペアでの飼育が適している。

分布：中央アフリカ（ザイール、コンゴ）	
体長：8cm	水温：25～28℃
水質：弱酸性～中性	水槽：40cm以上
エサ：人工飼料、生き餌	飼育難易度：ふつう

クロコダイル・フィッシュ

Luciocephalus pulcher

魚食性であることに加え、痩せやすいので混泳水槽での飼育には向かない。エサは小魚をこまめに与える必要がある。状態よく飼育できれば繁殖も狙えるが、稚魚のエサの確保が難しい。

分布：マレー半島、ボルネオ島	
体長：18cm	水温：25～29℃
水質：弱酸性～中性	水槽：45cm以上
エサ：生き餌	飼育難易度：やや難しい

6 ナマズの仲間

全世界に分布するナマズの仲間は、淡水魚最大のグループ。大型魚から小型ナマズまで、多種多様なのがナマズだ。可愛い表情で、ペット的要素が高いのも人気の要因だ。

コリドラス・ジュリー

Corydoras julii

近縁種が多く分布域が広いため、かなり難解なコリドラス。産地によるバリエーションが見られ、それらをコレクションするだけでも面白い。古くから親しまれている種類だが、実は奥が深いのだ。

分布：ブラジル
体長：5cm
水温：24～27℃
水質：弱酸性～中性
水槽：36cm以上
エサ：人工飼料、生き餌
飼育難易度：やさしい

コリドラス・トリリネアートゥス *Corydoras trilineatus*

ジュリィやプンクタートゥスなどと混同されることが多く、ほとんどはジュリィの名で売られている。養殖個体も多く輸入される、ポピュラーなコリドラスだ。飼育はとても容易である。

分布：エクアドル、ペルー
体長：5cm
水温：24～27℃
水質：中性
水槽：36cm以上
エサ：人工飼料、生き餌
飼育難易度：やさしい

コリドラス・アエネウス

Corydoras aeneus

どのショップでも販売されている非常にポピュラーなコリドラス。東南アジアで養殖された個体が大量に輸入されており、安価で入手できる。飼育、繁殖はともに容易で、ビギナーでも繁殖まで楽しめる。数は少ないが、現地採集のワイルド個体も輸入されてくる。

分布：ベネズエラ、ボリビア
体長：6cm
水温：25～27℃
水質：中性
水槽：36cm以上
エサ：人工飼料、生き餌
飼育難易度：やさしい

アルビノ・コリドラス

Corydoras aeneus var.

アエネウスのアルビノ品種で、“白コリ”の名で販売されている。最初に飼ったコリドラスは白コリだというビギナーも多く、定番的な人気を保ち続けている。東南アジアで養殖された個体が大量に輸入され、とても安価で購入できる。飼育、繁殖ともに容易。

分布：改良品種
体長：6cm
水温：25～27℃
水質：中性
水槽：36cm以上
エサ：人工飼料、生き餌
飼育難易度：やさしい

コリドラス・パンダ

Corydoras panda

流通するほとんどがブリード個体で、安価で購入することができる。現地採集個体は、輸入直後は状態が大変不安定で、落ち着くまでに多少時間がかかる。

分布：ペルー　体長：5cm
水温：24～27℃　水質：弱酸性～中性
水槽：36cm以上　エサ：人工飼料、生き餌
飼育難易度：ふつう

コリドラス・メタエ

Corydoras metae

コロッとした体形と可愛らしい体色を持つ、古くからのポピュラー種。輸入量も多く、ショップで見かける機会も多い。エサは何でもよく食べ、飼育も容易なお勧めできるコリドラス。

分布：コロンビア　体長：5cm
水温：24～27℃　水質：弱酸性～中性
水槽：36cm以上　エサ：人工飼料、生き餌
飼育難易度：ふつう

コリドラス・メリニ

Corydoras merini

メタエに似ているが、体側のラインの入り方などに違いが見られる。コンスタントな輸入があるが、個体数はあまり多くない。水質に敏感な面があり、やや飼育が難しい。

分布：コロンビア　体長：5cm
水温：24～27℃　水質：弱酸性～中性
水槽：36cm以上　エサ：人工飼料、生き餌
飼育難易度：やや難しい

コリドラス・デビッドサンズィ

Corydoras davidsansi

ラインの入り方が似ているために“ニューメリニ”の名で呼ばれることがあるが、状態のよい個体は鮮やかなオレンジ色を発色する。丈夫で飼いやすいコリドラスで、輸入量も多い。

分布：ネグロ川　体長：6cm
水温：24～27℃　水質：弱酸性～中性
水槽：36cm以上　エサ：人工飼料、生き餌
飼育難易度：ふつう

コリドラス・アドルフォイ

Corydoras adolfoi

肩に明るいオレンジ色を発色する美しいコリドラス。コリドラスブームを引き起こすきっかけとなった種類。ブリード個体が多く見られるが、ワイルド個体も輸入される。

分布：ネグロ川　体長：5cm
水温：24～27℃　水質：弱酸性～中性
水槽：36cm以上　エサ：人工飼料、生き餌
飼育難易度：ふつう

コリドラス・バーゲシィ

Corydoras burgessi

ネグロ川水系産の白いコリドラスを代表する種類。最近では輸入量が少なくなっている。採集地など地域バリエーションも多く、中間的な特徴を持った個体も輸入される。

分布：ネグロ川　体長：5cm
水温：24～27℃　水質：弱酸性～中性
水槽：36cm以上　エサ：人工飼料、生き餌
飼育難易度：ふつう

コリドラス・パラレルス
Corydoras parallelus

“コルレア”の名で古くから知られている大変美しいコリドラスで、トップクラスの人気を誇っている。しかし、輸入量は少ないため、入手は競争率が高い。国内養殖個体が比較的入手しやすい。

分布：ネグロ川
体長：5cm
水温：25～27℃
水質：弱酸性
水槽：36cm以上
エサ：人工飼料、生き餌
飼育難易度：ふつう

コリドラス・エベリナエ
Corydoras evelynae

単独で輸入されることはほとんどない、輸入量の少ないレアなコリドラスの代表種。そのため希少価値が高くマニア向けの魚だ。最近では比較的入手がしやすくなっている。

分布：ブラジル　体長：6cm
水温：24～27℃　水質：弱酸性～中性
水槽：36cm以上　エサ：人工飼料、生き餌
飼育難易度：ふつう

コリドラス・アークアトゥス
Corydoras arcatus

アーチ状の模様が特徴のコリドラスで、アークの名で古くから親しまれているポピュラー種。コンスタントに輸入されているが、採集地の違いなどによるバリエーションも見られる。

分布：ペルー　体長：5cm
水温：24～27℃　水質：弱酸性～中性
水槽：36cm以上　エサ：人工飼料、生き餌
飼育難易度：やさしい

コリドラス・ロングノーズ・アークアトゥス
Corydoras sp.

以前はアークアトゥスに稀に混じって輸入されるだけの、最も入手困難で高価なコリドラスで、マニア垂涎の種類だった。現在ではまとまって輸入されるようになり、入手は容易。

分布：ペルー　体長：7cm
水温：24～27℃　水質：弱酸性～中性
水槽：36cm以上　エサ：人工飼料、生き餌
飼育難易度：ふつう

コリドラス・ナルキッスス
Corydoras narcisus

10㎝を超える大型種だが、成長はそれほどはやくない。ロングノーズのコリドラスは人工飼料を好まないが、本種もその例に漏れず、生き餌を好む。素晴らしいフォルムのコリドラスだ。

分布：プルス川　体長：12cm
水温：24～27℃　水質：弱酸性～中性
水槽：40cm以上　エサ：生き餌
飼育難易度：ふつう

コリドラス・カウディマクラートゥス
Corydoras caudimaculatus

丸みのある体形と、尾柄部の大きな黒いスポットが可愛らしい人気種。養殖個体が数多く輸入されてポピュラーな種類となっている。ただ、輸入直後は状態を落としている事が多く注意が必要。基本的には丈夫な魚なので、普通に飼っていれば問題なく飼育できる。

分布：グァポレ川
体長：5cm
水温：24～27℃
水質：弱酸性～中性
水槽：36cm以上
エサ：人工飼料、生き餌
飼育難易度：やさしい

コリドラス・シュワルツィ

Corydoras schwartzi

輸入量の多いポピュラーなコリドラスだが、体色や模様には地域変異や個体差が多く、マニアックな楽しみ方ができる。ラインの揃った個体を選びたい。大切に飼うと背ビレが伸長し、見事な美魚となる。

分布：プルス川
体長：5cm
水温：24～27℃
水質：弱酸性～中性
水槽：36cm以上
エサ：人工飼料、生き餌
飼育難易度：やさしい

コリドラス・シミリス

Corydoras similis

カウディマクラートゥスに似たカラーパターンだが、尾柄部のスポットが大きく、紫がかっていることで区別できる。飼育は難しくないが、体色を引き出すのは難しい。

分布：ジャル川　体長：5cm
水温：24～27℃　水質：弱酸性～中性
水槽：36cm以上　エサ：人工飼料、生き餌
飼育難易度：ふつう

コリドラス・レセックス

Corydoras sp.

体高が高く背ビレも伸長することから、より体高が高く見える独特な体形のコリドラス。状態が良くなると黒っぽい体色になる。水質が悪くなると肌荒れを起こすので要注意。

分布：ブラジル　体長：7cm
水温：24～27℃　水質：弱酸性
水槽：36cm以上　エサ：人工飼料、生き餌
飼育難易度：ふつう

コリドラス・ステルバイ

Corydoras sterbai

胸ビレ周辺に発色するオレンジ色の美しい色彩と、飼いやすさで人気のコリドラス。採集個体も輸入されるが、養殖個体が中心となっている。アルビノを固定した品種もみられる。

分布：グァポレ川　体長：6cm
水温：24～27℃　水質：弱酸性～中性
水槽：36cm以上　エサ：人工飼料、生き餌
飼育難易度：やさしい

コリドラス・ゴッセイ

Corydoras gossei

その美しさから急速にポピュラー種となったコリドラス。ワイルド、ブリードの両方が流通している。ただし、ワイルド個体は輸入状態が悪いことが多く、痩せてしまうことが多いので注意が必要だ。

分布：マモレ川
体長：6cm
水温：24～27℃
水質：弱酸性～中性
水槽：36cm以上
エサ：人工飼料、生き餌
飼育難易度：ふつう

コリドラスの一種・スーパーシュワルツィ

Corydoras sp.

シュワルツィよりも体側のラインの間隔が広くて太いのが特徴だ。このラインが美しい個体は特に人気が高く、ランクがつけられることもある。少々痩せやすいので注意が必要。

分布：プルス川
体長：5cm
水温：24～27℃
水質：弱酸性～中性
水槽：36cm以上
エサ：人工飼料、生き餌
飼育難易度：ふつう

コリドラス・プルケール

Corydoras pulcher

プルス川に生息するコリドラスには背ビレの美しい種が多いが、本種はその代表種。体側中央部分に太い黒色ラインが入り、そのラインが整っている個体は特に人気が高く、競争率が高くなる。太い背ビレ棘条はクリーム色に発色し、軟条もよく伸長し、その先端が白くなり美しい。

分布：プルス川	体長：7cm
水温：24～27℃	水質：弱酸性～中性
水槽：36cm以上	エサ：人工飼料、生き餌
飼育難易度：ふつう	

コリドラス・ロブストゥス

Corydoras robustus

コリドラスとは思えぬ大きさに成長する種類で、10㎝を超える。迫力あるコリドラスだが、伸長する背ビレを持つ美魚でもある。大型種だが性質は臆病で、物陰に隠れてしまう。

分布：プルス川	体長：12cm
水温：24～27℃	水質：弱酸性～中性
水槽：40cm以上	エサ：人工飼料、生き餌
飼育難易度：ふつう	

コリドラス・コンコロール

Corydoras concolor

オレンジとグレーの2色に染め分けられた独特の体色を持つ美魚で、初心者からマニアまで、幅広い飼育者に好まれる。養殖個体が多いが、大型に成長した採集個体の輸入も見られる。

分布：ベネズエラ	体長：6cm
水温：24～27℃	水質：弱酸性～中性
水槽：36cm以上	エサ：人工飼料、生き餌
飼育難易度：ふつう	

コリドラス・ボエセマニー

Corydoras boesemani

コリドラス・マニアが長らく輸入を待ち望んでいた種類。輸入量は少なくとても高価だが、最近では国内養殖個体もみられるようになっており、そちらなら比較的安価で購入できる。

分布：スリナム	体長：5cm
水温：24～27℃	水質：弱酸性
水槽：36cm以上	エサ：人工飼料、生き餌
飼育難易度：ふつう	

コリドラス・ハブロースス

Corydoras habrosus

極小コリドラスのひとつ。その中では一番コリドラスらしい体形をしていて、底棲性が高い。その他のコリドラスと比べてもかなり小さいので、混泳ではエサを食べられないことが多い。輸入量は多く安価。

分布：ベネズエラ
体長：3cm
水温：24～27℃
水質：弱酸性～中性
水槽：36cm以上
エサ：人工飼料、生き餌
飼育難易度：ふつう

コリドラス・ハスタートゥス

Corydoras hastatus

最小種のひとつだが、その小ささに反して遊泳力が強く、中層付近を群れで泳ぐというコリドラスらしからぬ生活をしている。本種もかなりの小型種なので、やはり他のコリドラスとの混泳には向かない。

分布：ブラジル
体長：3cm
水温：24～27℃
水質：弱酸性～中性
水槽：36cm以上
エサ：人工飼料、生き餌
飼育難易度：ふつう

コリドラス・パレアートゥス

Corydoras paleatus

アエネウス、白コリと並ぶ三大メジャー・コリドラスのひとつで、古くからのポピュラー種。東南アジアで養殖されたものが大量に輸入されているが、稀にワイルド個体の輸入もある。

分布：アルゼンチン、パラグアイ	
体長：6cm	水温：23〜25℃
水質：中性	水槽：36cm以上
エサ：人工飼料、生き餌	飼育難易度：やさしい

エメラルドグリーン・コリドラス

Corydoras splendens

背ビレの条数が多いブロキスの仲間の小型種。一般的にはブロキスやエメラルドグリーン・コリドラスの通称で販売されることが多い。輸入量は多く、飼育は容易だが、やや大きくなる。

分布：ペルー	体長：9cm
水温：25〜27℃	水質：弱酸性〜中性
水槽：40cm以上	エサ：人工飼料、生き餌
飼育難易度：やさしい	

アルビノ・セイルフィンプレコ

Glyptperichtys gibbiceps var.

セイルフィン・プレコのアルビノ個体を固定したもので、コンスタントに輸入されている品種だ。水槽内でもよく目立つ存在となるため、大型水槽のコケ取り用としても人気が高い。

分布：改良品種	体長：50cm
水温：25〜27℃	水質：中性
水槽：60cm以上	エサ：人工飼料
飼育難易度：やさしい	

オレンジ・ロイヤルプレコ

Panaque nigrolineatus var.

広域分布種なので、採集地によってバリエーションが見られるが、大抵は比較的安価で購入できる。ロイヤル・プレコの仲間は自然下では流木を中心に食べる食性なので、水槽内には流木を入れてやるとよい。

分布：ブラジル	体長：50cm
水温：25〜27℃	水質：中性
水槽：60cm以上	エサ：人工飼料
飼育難易度：やや難しい	

ウルトラスカーレット・トリム

Pseudacanthicus sp.

シングー川水系に生息するトリム系プレコで、強烈な色合いから人気の高い種類。採集地によって差異が見られるうえ、個体差も大きいのでコレクション性にも富んでいる。

分布：シングー川	体長：30cm
水温：25〜27℃	水質：中性
水槽：60cm以上	エサ：人工飼料
飼育難易度：やや難しい	

セイルフィン・プレコ

Glyptperichtys gibbiceps

東南アジアで大量養殖されたものがコンスタントに輸入されており、安価で購入することが可能。コケ取り用として買う人も多いが、成長が速くかなり大型になるので注意が必要だ。

分布：ネグロ川	体長：50cm
水温：25〜27℃	水質：中性
水槽：60cm以上	エサ：人工飼料
飼育難易度：やさしい	

ブルーフィン・プレコ

Loricariidae sp

ブルーの体色と、全身に青みがかった白いスポットが入る、珍しいカラーパターンを持つ。スポットが多く入る個体は特に美しく、とても人気が高い。輸入は不定期である。

分布：ベネズエラ	体長：20cm
水温：25〜27℃	水質：中性
水槽：45cm以上	エサ：人工飼料
飼育難易度：ふつう	

オレンジフィンカイザー・プレコ

Baryancistrus sp.

鮮やかに緑取られた背ビレ、黄色いスポットと、まばゆいばかりの美しさを持った美種。しかし、プレコの例に漏れず、テリトリー意識が強く、酸欠にも弱いので飼育時には要注意。

分布：シングー川	体長：25cm
水温：25～27℃	水質：中性
水槽：40cm以上	エサ：人工飼料
飼育難易度：ふつう	

ニュータイガー・プレコ

Panaqolus sp.

古くからコンスタントに輸入されている小型プレコのポピュラー種で、安価で買うことができる。性質などもタイガー・プレコと似ており、小型魚の混泳水槽でも問題なく飼える。

分布：トカンチンス川	体長：12cm
水温：25～27℃	水質：中性
水槽：40cm以上	エサ：人工飼料
飼育難易度：ふつう	

キングロイヤル・プレコ

Hypancistrus sp.

インペリアルゼブラ・プレコと双璧をなす美種で、非常に人気が高い。採集地によるバリエーションもみられるが、かなり個体差が大きい。比較的丈夫で、飼育は容易。

分布：アマゾン河	体長：12cm
水温：25～27℃	水質：中性
水槽：40cm以上	エサ：人工飼料
飼育難易度：ふつう	

インペリアルタイガー・プレコ

Peckoltia sp.

クリーム色と黒の2色にはっきり塗り分けられたようなバンド模様が美しい小型プレコ。個体差やバリエーションが豊富で、バンド模様の美しい個体の購入は競争率が高い。

分布：タパジョス川	体長：10cm
水温：25～27℃	水質：中性
水槽：40cm以上	エサ：人工飼料
飼育難易度：ふつう	

インペリアルゼブラ・プレコ

Hypancistrus zebura

熱帯魚として流通するものの中でも、最も美しいもののひとつ。最近は入手は難しくなったが、国内やドイツで繁殖されたものが少量出回っている。うまく飼育できれば繁殖も狙える。

分布：シングー川
体長：8cm
水温：25～27℃
水質：中性
水槽：40cm以上
エサ：人工飼料
飼育難易度：ふつう

ミニ・ブッシー

Ancistrus sp.

アンキストルス属の幼魚。5㎝ほどの小さなものだが、成魚になっても小さい訳ではなく、"ミニ"の名前もあくまで幼魚時だけ。小型レイアウト水槽などのコケ取りとして人気。

分布：不明
体長：8cm
水温：25～27℃
水質：中性
水槽：30cm以上
エサ：人工飼料
飼育難易度：やさしい

アルビノ・ミニブッシー

Ancistrus sp.var.

ミニ・ブッシーのアルビノ品種で、オリジナル種同様にコケをよく食べてくれるので小型水槽などのコケ取りとして重宝する。隠れがちだが、アルビノ品種のためよく目立つ。

分布：改良品種
体長：8cm
水温：25～27℃
水質：中性
水槽：30cm以上
エサ：人工飼料
飼育難易度：やさしい

ファロウェラ
Farlowella mariaelenae

単にファロウェラの名で輸入されているものにも数種類見られる。飼育はやや難しく、長生きしないことが多い。やはり擬態できる環境が落ち着くようだ。

分布：アマゾン河	体長：18cm
水温：24～27℃	水質：弱酸性～中性
水槽：45cm以上	エサ：人工飼料
飼育難易度：やや難しい	

ゼブラ・オトシンクルス
Otocinclus cocama

黒と白にハッキリ塗り分けられた、驚きの体色を持つオトシンクルス随一の美種。以前より輸入量が増えて価格が安定したが、輸入される個体群によって違いが見られる。

分布：アマゾン河	体長：5cm
水温：24～27℃	水質：弱酸性～中性
水槽：30cm以上	エサ：人工飼料
飼育難易度：ふつう	

オトシンクルス
Otocinclus vestitus

コケ取りとして水槽に導入される人気種。飼育自体は難しくないが、輸入状態の悪いことが多く注意が必要。オトシンの名で売られる、最も一般的なオトシンクルスのひとつ。

分布：アマゾン河	体長：5cm
水温：24～27℃	水質：弱酸性～中性
水槽：30cm以上	エサ：人工飼料
飼育難易度：ふつう	

オトシン・ネグロ
Hisonotus leucofrenatus

小型水槽にも導入できるとして人気のある小型のオトシン。適応能力も強く、繁殖例も多く聞かれるほど。そのため、現在は国内デブリードされた個体が販売されている。

分布：ブラジル	体長：4cm
水温：24～27℃	水質：弱酸性～中性
水槽：30cm以上	エサ：人工飼料
飼育難易度：ふつう	

バンジョー・キャット
Bunocephalus coracoideus

楽器のバンジョーに似た体形をしているためにこの名がある。夜行性で、明るい内は底砂に潜っていることが多いので、水槽内には細かい砂を入れてやるとよい。

分布：アマゾン河	体長：12cm
水温：25～27℃	水質：弱酸性～中性
水槽：36cm以上	エサ：生き餌
飼育難易度：ふつう	

チャカ・チャカ
Chaca chaca

平たく潰れたような体形の底棲性ナマズ。チャカ属には本種とバンカネンシス種の2種類があり、どちらもチャカ・チャカの名前で販売される。砂に潜って、通りがかった小魚を捕食する。

分布：インド	体長：30cm
水温：25～27℃	水質：弱酸性～中性
水槽：40cm以上	エサ：生き餌
飼育難易度：ふつう	

トランスルーセント・グラスキャット
Kryptopterus bicirrhis

透き通った体を持つ不思議な熱帯魚として古くから知られているポピュラー種。ナマズには珍しい昼行性で、群れで中層付近を漂うように泳ぐ。飼育は容易で、性質もおとなしい。人工飼料の食い付きもよい。

分布：タイ
体長：8cm
水温：25～28℃
水質：中性
水槽：36cm以上
エサ：人工飼料、生き餌
飼育難易度：ふつう

サカサ・ナマズ
Synodontis nigriventoris

腹を上に向けて逆さ泳ぎをするナマズとして有名。シノドンティスの仲間の中では最もポピュラーな種類だ。協調性の悪いものが多いシノドンティス中ではおとなしく、同種、他種との混泳が可能だ。

分布：コンゴ川
体長：8cm
水温：25～27℃
水質：弱酸性～中性
水槽：36cm以上
エサ：人工飼料、生き餌
飼育難易度：ふつう

7 レインボーフィッシュ・その他の仲間

レインボー・フィッシュの仲間や、小型で美しいダリオの仲間。
個性的な淡水フグの仲間などを紹介する。
エビや貝の仲間もアクアリウムになくてはならない。

ハーフオレンジ・レインボー

Melanotaenia boesemani

レインボー・フィッシュの代表的な仲間がメラノタエニア属の魚。10㎝ほどになるため、大型の水草水槽などで群泳させると見栄えがする。水草を食べないのも魅力だ。性質もおとなしく、混泳も問題ない。

分布：パプアニューギニア	体長：10cm
水温：25～27℃	水質：中性
水槽：60cm以上	エサ：人工飼料、生き餌
飼育難易度：やさしい	

ブルー・レインボー
Melanotaenia lacustris

養殖個体が多く輸入されているメラノタエニア属のポピュラー種で、安価で購入することができる。メタリックブルーの発色が美しく、丈夫で飼育は容易。エサも好き嫌いすることなく、何でもよく食べる。

分布	パプアニューギニア
体長	10cm
水温	25～27℃
水質	中性
水槽	45cm以上
エサ	人工飼料、生き餌
飼育難易度	やさしい

マックローチ・レインボー
Melanotaenia arfakensis

やや異なる雰囲気を持った種類で、その他の種類がひと目見ただけで分かる派手な体色をしているのに対し、本種は一見地味。しかし、飼いこむと、鮮やかな色を発色し大変美しくなる。

分布	オーストラリア北西部		
体長	7cm	水温	25～27℃
水質	中性	水槽	60cm以上
エサ	人工飼料、生き餌	飼育難易度	やさしい

ネオンドワーフ・レインボー
Melanotaenia praecox

メラノタエニア属のレインボー・フィッシュとしては、最も小さく、人気の高い種類。水草を食べず、サイズもそれほど大きくならないので、レイアウト水槽にピッタリの魚。

分布	パプアニューギニア		
体長	6cm	水温	25～27℃
水質	中性	水槽	36cm以上
エサ	人工飼料、生き餌	飼育難易度	やさしい

コームスケール・レインボー
Glossolepis incisus

深い紅葉のような独特の発色を見せるレインボー・フィッシュで、古くから知られている。成長すると肩から後ろが著しく盛り上がり、体高の高い特徴的なフォルムとなる。混泳も問題ない。

分布	ニューギニア北部		
体長	15cm	水温	25～27℃
水質	中性	水槽	60cm以上
エサ	人工飼料、生き餌	飼育難易度	やさしい

バタフライ・レインボー
Pseudomugil gertrudae

小型レインボー・フィッシュを代表する美魚。採集地によって様々なバリエーションが知られているが、日本へはほとんど輸入されていない。体色や胸ビレの色彩によって、イエロータイプやホワイトタイプに分けられているが、その要素も不確定だ。

分布	パプアニューギニア		
体長	3cm	水温	25～27℃
水質	中性	水槽	36cm以上
エサ	人工飼料、生き餌	飼育難易度	ふつう

バタフライレインボー・アルーⅣ
Pseudomugil gertrudae var.

一般的なバタフライ・レインボーがニューギニア島に生息するのに対して、アルー諸島に生息している。バタフライ・レインボーとの大きな違いは、尻ビレの軟条が伸長することだ。それだけでずいぶんと印象が異なり、魅力が増すということに気付かせてくれた魚である。

分布	パプアニューギニア
体長	3cm
水温	25～27℃
水質	中性
水槽	36cm以上
エサ	人工飼料、生き餌
飼育難易度	ふつう

シュードムギルの一種 “ティミカ” *Pseudomugil sp.*

赤いバタフライ・レインボーといった印象の魚で、全体的に赤く発色する。飼育はバタフライ・レインボーと同様で難しくはないが、水質は弱酸性の軟水、やや色付いた水で飼育すると赤の発色が強くなる。

分布：パプアニューギニア
体長：3cm
水温：25～27℃
水質：中性
水槽：36cm以上
エサ：人工飼料、生き餌
飼育難易度：ふつう

ポポンデッタ・レインボー *Pseudomugil furcatus*

以前はポポンデッタ属として扱われていたため、その名が定着している。シュードムギル属のレインボー・フィッシュとしては、最も輸入量の多いポピュラーな種類で、入手も容易だ。飼育も難しくない。

分布：パプアニューギニア
体長：5cm
水温：25～27℃
水質：中性
水槽：36cm以上
エサ：人工飼料、生き餌
飼育難易度：やさしい

セレベス・レインボー *Telmatherina ladigesi*

透明感のある体に、ブルーのラインが乗り、黄色い伸長するヒレがとても美しいレインボー・フィッシュ。スラウェシ島産だが、販売されているものは中性前後の水で問題なく飼える。何でもよく食べ、飼いやすい。

分布：スラウェシ
体長：5cm
水温：25～27℃
水質：中性
水槽：36cm以上
エサ：人工飼料、生き餌
飼育難易度：ふつう

ニューギニア・レインボー *Iriatherina werneri*

独特の伸長するヒレが特徴のレインボー・フィッシュのポピュラー種。飼育は容易だが、口が小さいのでエサの工夫と、ヒレを齧られないよう注意したい。

分布：ニューギニア南部
体長：5cm　水温：25～27℃
水質：中性　水槽：36cm以上
エサ：人工飼料、生き餌　飼育難易度：ふつう

インディアン・グラスフィッシュ *Parambassis ranga*

骨格まで見える透き通った体を持つ魚として人気が高いグラス・フィッシュ。古くから知られている小型種で、状態がよくなるとうっすらと褐色に色付く。輸入量も多く入手は容易。

分布：ミャンマー、インド　体長：5cm
水温：25～27℃　水質：弱酸性～中性
水槽：36cm以上　エサ：人工飼料、生き餌
飼育難易度：ふつう

ロングフィン・グラスエンゼル *Gymnochanda filamentosa*

全身が透き通った体と、驚く程に伸長するヒレを持つ美しい魚。とにかく長く伸びたヒレが素晴らしく、それが人気の理由ともなっている。このヒレは輸入時にはすでに伸長している。

分布：インドネシア　体長：4cm
水温：25～27℃　水質：弱酸性～中性
水槽：36cm以上　エサ：人工飼料、生き餌
飼育難易度：ふつう

カラー・ラージグラス

Parambassis siamensis var.

元々は無色透明のラージ・グラスフィッシュに、職人技で着色された面白い魚。1匹ずつ手作業で色素を注射して着色している。カラーバリエーションは豊富で、様々な色の魚が作られているので、好きな色のものを選ぶ楽しさがある。時間の経過と共に色素は抜けてしまうことが多く、普通のラージ・グラスフィッシュに戻ってしまう。

分布：人工品種	体長：7cm
水温：25～27℃	水質：中性
水槽：36cm以上	エサ：人工飼料、生き餌
飼育難易度：ふつう	

アーチャー・フィッシュ

Toxotes jaculatrix

一般的にアーチャー・フィッシュやテッポウウオとして入荷するのが本種。東南アジアの熱帯域に広く分布しており、日本の西表島にも生息している。飼育には塩分があった方が調子よく飼えるが、弱アルカリ性の水質なら塩分が無くても飼うことができる。

分布：東南アジア広域
体長：25cm
水温：25～27℃
水質：弱アルカリ性
水槽：60cm以上
エサ：人工飼料、生き餌
飼育難易度：ふつう

ゴールデン・デルモゲニー

Dermogenys pusillus var.

東南アジアの水路や小川などでよく見られる卵胎生の小型サヨリの1種で、観賞魚としても古くから知られている。水面に近い場所で、常に水面付近を漂うように泳いでいる。本種はデルモゲニーのゴールデン・タイプであるが、ノーマル体色のものよりも輸入量が多い。

分布：タイ、マレーシア
体長：5cm
水温：25～27℃
水質：中性
水槽：36cm以上
エサ：人工飼料、生き餌
飼育難易度：ふつう

リーフ・フィッシュ

Monocirrhus polyacanthus

枯れ葉のような色、形をしている。頭を下に向けてジッとしていることが普通で、積極的に泳ぎ回ることはあまりない。エサは生きた小魚を好み、近づいたものを瞬時に吸い込むように食べる。

分布：アマゾン河	体長：10cm
水温：25～27℃	水質：弱酸性～中性
水槽：45cm以上	エサ：生き餌
飼育難易度：やや難しい	

バンブルビー・フィッシュ

Brachygobius doriae

古くから親しまれている熱帯性のハゼの仲間。汽水魚として非常にポピュラーな存在で人気も高い。おとなしいイメージがあるが、同種同士ではかなり激しく争う気性の荒さがある。

分布：東南アジア	体長：3cm
水温：25～27℃	水質：中性～弱アルカリ性
水槽：36cm以上	エサ：生き餌
飼育難易度：ふつう	

グラス・ゴビー

Gobiopterus chuno

全身が透き通った体を持った、成長しても3㎝ほどにしかならない小型ハゼの1種。非常に小さく、性質もおとなしいので、おとなしい小型種のみで飼育するのがよい。

分布：タイ、マレー半島、インド	
体長：3cm	水温：25～27℃
水質：中性	水槽：30cm以上
エサ：生き餌	飼育難易度：やや難しい

ドワーフ・ピーコックガジョン
Tateurndina ocellicauda

ハゼの仲間の中でも特別美しい体色を持った種類。丈夫で飼いやすく、水槽内で繁殖まで楽しめる。メスはオスほど鮮やかではないので雌雄の判別も簡単だ。

分布：タイ、マレー半島、インド	
体長：8cm	水温：25～27℃
水質：中性	水槽：30cm以上
エサ：生き餌、人工飼料	飼育難易度：ふつう

スカーレット・ジェム *Dario dario*

99年に日本へ紹介された小型種で、その時はその美しさから大きな話題となった。当時は高価だったものの、すぐに人気種となり、現在は価格も入手しやすいものとなっている。成長しても2～3cmほどと小さく、そのサイズで繁殖行動を行う。エサはブラインシュリンプの幼生などを与える。

分布：インド
体長：3cm
水温：25～27℃
水質：中性
水槽：36cm以上
エサ：生き餌
飼育難易度：ふつう

ブラックフェイス・ジェム
Dario sp.

タイガーやゼブラなど、色々な名で流通しているダリオの仲間。飼育はその他の同属他種と同様で、人工飼料には餌付かないので、ブラインシュリンプなどを与えるとよい。

分布：ミャンマー
体長：3cm
水温：25～27℃
水質：中性
水槽：36cm以上
エサ：生き餌
飼育難易度：ふつう

アベニー・パファー
Carinotetraodon travancorius

小さく可愛らしい姿から人気になった世界最小のフグ。淡水で飼育できるため、水草水槽で飼育できるのも魅力。比較的おとなしく、群れで生活する種類のため複数飼育も可能。

分布：インド
体長：4cm
水温：25～27℃
水質：弱酸性～中性
水槽：30cm以上
エサ：生き餌
飼育難易度：ふつう

カリノテトラオドン・サリヴァトール
Carinotetraodon salivator

発情したオス個体は腹部が真っ赤に染まり、独特の縞模様をみせる。また、雌雄差が大きく、メスは別種かと思うほど異なる体色をしている。飼育はそれほど難しくない。

分布：ボルネオ島	体長：6cm
水温：25～27℃	水質：弱酸性～中性
水槽：40cm以上	エサ：生き餌
飼育難易度：ふつう	

ハチノジフグ
Tetraodon steindachneri

古くからポピュラーな代表的な淡水フグで、背中に8のような模様があることからこの名がある。飼育には多少の塩分を加えた方がよい。ヒレを噛み合うので混泳には向かない。

分布：タイ、インドネシア	体長：10cm
水温：25～27℃	水質：弱アルカリ性
水槽：30cm以上	エサ：人工飼料、生き餌
飼育難易度：やさしい	

ミドリフグ
Tetraodon nigroviridis

淡水フグとして流通する最も有名な種類。採集地によっては淡水でも状態良く飼えるものもいるが、大抵は海水に近い塩分濃度を好む。巻き貝なども好んで食べる。

分布：東南アジア	体長：8cm
水温：25～27℃	水質：弱アルカリ性
水槽：40cm以上	エサ：人工飼料、生き餌
飼育難易度：ふつう	

レッド・ビーシュリンプ *Neocaridina sp.*

ホームアクアリウムで飼育する生物の中でも、エビの仲間は人気が高いが、とりわけレッドビー・シュリンプの人気は群を抜いている。以前は飼育、繁殖が難しかったが、それらの方法の確立、専用のソイルやエサなど専用機材の充実によって、誰にでも楽しめるようになった。繁殖が容易になったこともあり、愛好家による改良も日進月歩で進み、バンド、日の丸、モスラなど数多くの魅力的な品種が次々と作出されている。レッドビー・シュリンプはゆっくりとした水質変化にはある程度適応力があるが、急激な変化には弱いので、水槽をセットしてすぐではなく水草がある程度成長を始めた頃に水槽へ導入すれば、失敗が少ない。

分布：改良品種
体長：2cm
水温：20～25℃
水質：中性
水槽：36cm以上
エサ：人工飼料
飼育難易度：やさしい

バンド

赤い体に白いバンドが入る、レッドビー・シュリンプの基本的な体色。熱帯魚店で見かける事が一番多い、最もポピュラーなのがこのタイプだ。

タイガー

バンド模様のバリエーション。タイガー系の方がやや高価である。

日の丸

白い部分が広がって連結し、上から見ると背中に日の丸のような模様に見えるためにこの名で呼ばれている。レッドビー・シュリンプの中でもポピュラーな品種なので、ショップでも多く見ることができる。

進入禁止

日の丸の赤い円の中に白いラインが入るタイプ。その模様が道路標識の進入禁止のマークに似ていることから、進入禁止がタイプ名となっている。

モスラ

ブリーダーや愛好家が選別交配などの努力を繰り返すことで、新しい品種を次々と作出してきた。そうした中で、白の面積が広くとても美しいのが、このモスラタイプのレッドビー・シュリンプ。

ブラック・ビー

原種のビーシュリンプに近い体色の品種。白の発色が強くなっている。

ビー・シュリンプ
Neocaridina sp.

多くの改良品種の元となった小型のエビ。アクアリウム・ホビーの世界ではポピュラーであったが、改良品種のレッド・ビーにおされて見る機会が少なくなっている。飼育、繁殖は容易だ。

分布：香港
体長：2cm
水温：20～25℃
水質：中性
水槽：36cm以上
エサ：人工飼料
飼育難易度：やさしい

レッドシャドー・シュリンプ
Neocaridina sp.

透明感のある体に、非常に濃い赤を発色する人気品種。入荷当初はブラックシャドーほどの人気はなかったが、目を引く色合いから、最近ではどんどん人気が高まっている。

分布：改良品種
体長：2cm
水温：20～25℃
水質：中性
水槽：36cm以上
エサ：人工飼料
飼育難易度：ふつう

ブラックシャドー・シュリンプ
Neocaridina sp.

台湾のブリーダーによって作出されたといわれる改良品種で、ブラック・ビーよりもメタリック感のある体色を持つ。濃い黒が印象的で美しく、非常に高い人気を集めている。

分布：改良品種
体長：2cm
水温：20～25℃
水質：中性
水槽：36cm以上
エサ：人工飼料
飼育難易度：ふつう

ピント・ビーシュリンプ
Neocaridina sp.

シャドー・シュリンプの進化系品種。白の発色の仕方が独特で美しい。飼育、繁殖共に他のシュリンプと同様で問題ない。

分布：改良品種
体長：2cm
水温：20～25℃
水質：中性
水槽：36cm以上
エサ：人工飼料
飼育難易度：ふつう

ターコイズ・シュリンプ
Neocaridina sp.

ブラックシャドーと同じく台湾で作出された品種で、ブラックシャドーの作出過程で発生した青い個体を選別、淘汰したもの。現在では全身真っ青のものも登場している。

分布：改良品種
体長：2cm
水温：20～25℃
水質：中性
水槽：36cm以上
エサ：人工飼料
飼育難易度：ふつう

チェリーレッド・シュリンプ

Neocaridina sp.

赤の発色が素晴らしいエビの1種で、ミナミヌマエビ“レッド”などの名前でも流通している。飼育、繁殖共に容易で、初心者にも勧められる飼いやすいエビである。

分布：台湾	体長：2cm
水温：20〜25℃	水質：中性
水槽：36cm以上	エサ：人工飼料
飼育難易度：やさしい	

ヤマトヌマエビ

Caridina japonica

コケを食べてくれるエビとして、熱帯魚店でよく販売されている。日本の渓流域に生息するヌマエビの1種だ。飼育は難しくないが、水槽内で繁殖させることはできない。

分布：日本
体長：5cm
水温：15〜27℃
水質：中性
水槽：36cm以上
エサ：人工飼料
飼育難易度：やさしい

ミナミヌマエビ

Caridina denticulatea

日本産のヌマエビの仲間。ただし、身近で採集できたり、流通する個体の多くがシナヌマエビだと考えられる。藻類もよく食べ、水槽内での繁殖が可能だ。

分布：日本	体長：3cm
水温：15〜27℃	水質：中性
水槽：36cm以上	エサ：人工飼料
飼育難易度：やさしい	

イシマキガイ

Clithon retropictus

コケ対策のために水槽に迎えられる代表的な生き物で、古くから親しまれている。爆発的に殖えるスネールの類とはまったく異なり、産卵はしても水槽内では孵化しない。

分布：日本、台湾	体長：3cm
水温：15〜27℃	水質：中性
水槽：36cm以上	エサ：人工飼料、コケ
飼育難易度：ふつう	

カバクチカノコガイ

Neritina pulligera

イシマキガイよりも大型で、コケ取り能力が高く最近人気がある。環境が安定していれば長期の飼育が可能なのも人気の要因。入荷量が少なく入手がやや難しいのが難点だ。

分布：奄美大島以南	体長：4cm
水温：15〜27℃	水質：中性
水槽：36cm以上	エサ：人工飼料、コケ
飼育難易度：やさしい	

レッド・ラムズホーン

Indoplanorbis exustus

インドヒラマキガイの赤の発色が強い個体で、コケ取りとしてよりも、残餌の処理に使われる。繁殖力が非常に強いので、殖えないように1匹だけ飼育するのが無難だ。

分布：インド	体長：2.5cm
水温：15〜27℃	水質：中性
水槽：36cm以上	エサ：人工飼料、コケ
飼育難易度：やさしい	

8 古代魚・大型魚の仲間

古代魚を中心に、各カテゴリーの大型魚を紹介する。
大型魚飼育は、小型水槽では得られない迫力のアクアリウム。
スペースの問題がクリアできれば、素晴らしい魚たちを楽しめる。

シルバー・アロワナ
Osteoglossum bicirrhosum

最も安価で買えるポピュラーなアロワナだが、アロワナ全種中最大となる種類。成長速度も速く、水槽内でも70㎝を簡単に超える。安価なためにぞんざいに扱われがちだが、美しく育て上げられた本種は、高価なアジア・アロワナにさえ劣らない。

分布：ブラジル、ギアナ
体長：100cm以上
水温：25～27℃
水質：中性
水槽：120cm以上
エサ：人工飼料、生き餌
飼育難易度：ふつう

ブラック・アロワナ
Osteoglossum ferreirai

輸入されてくる幼魚は、黒い体に黄色い線が入る独特なものだが、成長に伴い、褐色がかった体色へと変化していく。体色が変わり始めた20㎝程度の頃が最も美しいとされる。幼魚時はやや飼いにくい。

分布：ネグロ川
体長：70cm以上
水温：25～27℃
水質：弱酸性
水槽：120cm以上
エサ：人工飼料、生き餌
飼育難易度：やや難しい

ノーザン・バラムンディ
Scleropages jardini

オーストラリアやニューギニアなどに生息するアロワナ。最小のアロワナで、60㎝を超えることは少ない。鈍く輝く褐色の体に、赤いスポットが散りばめられて、非常に美しい。ただし、性質は攻撃的。

分布：オーストラリア、パプアニューギニア
体長：50cm以上
水温：25～27℃
水質：中性
水槽：90cm以上
エサ：人工飼料、生き餌
飼育難易度：ふつう

アジア・アロワナ *Scleropages spp.*

アジア・アロワナはワシントン条約で取引が制限されているが、養殖個体は特例として輸出が認められている。ブリーダーも増え、各ブリーダーは競うようにクオリティの追求をしている。世代を重ねたアロワナは血統の純度を高め、個体のクオリティも高まっている。必然的に価格も高価になることから、アロワナ養殖は、原産国のマレーシアやインドネシアの一大産業ともなっている。

分布：マレーシア、インドネシア
体長：60cm以上
水温：25〜28℃
水質：中性
水槽：120cm以上
エサ：生き餌、人工飼料
飼育難易度：ふつう

過背金龍

過背金龍とは金系のもので、背中まで金色が乗るタイプのこと。写真はブルーの発色が素晴らしい藍底タイプ。藍底とは、鱗の中心部に青を発色するもののことで、ファン憧れの存在だ。

ウルトラF4

スプレーで着色したようなベタ赤をきわめて強く発色することで有名な系統。ファンならずとも飼育してみたいと思わされるが、とても高価である。人気の高い紅系アロワナのひとつ。

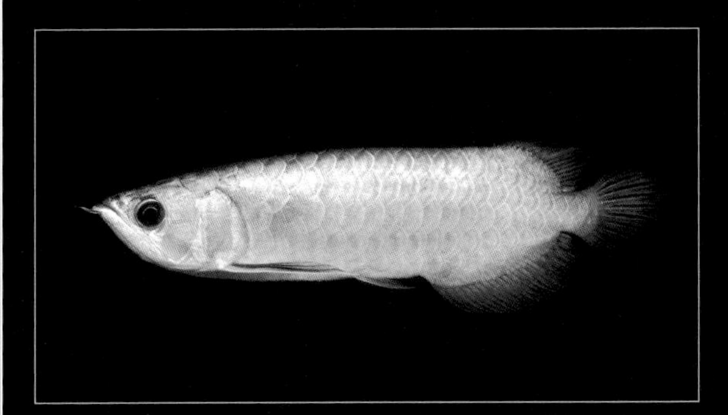

過背金龍・ゴールデンヘッド

非常に高価な過背金龍で、頭部まで金色がのっているのが特徴。大切に飼育すれば、みごとな美しい個体へと育つ。

紅尾金龍

アジア・アロワナの入門種的存在である。過背金龍などに比べるとはるかに安く買えるが、個体レベルも安定しており、性格的な面でも飼いやすい。

バタフライ・フィッシュ

Pantodon buchholtzi

最大でも15㎝ほどの小型種だが、アロワナやピラルクーと同じグループに属する種類だ。水面付近で生活し、水面に落ちてくる昆虫などを捕食しているため、エサは浮上性のものが適する。飛び出しに要注意だ。

分布：ニジェール川、ザンベジ川	
体長：15cm	水温：25～27℃
水質：弱酸性～中性	水槽：60cm以上
エサ：人工飼料、生き餌	飼育難易度：ふつう

スポッテッド・ナイフ

Chitala ornata

背中が盛り上がった刃物を思わせる体型に、黒く大きなスポット模様が並ぶ、古くから知られる人気の古代魚。写真は幼魚だが、成長と共にスポット模様へと変化する。エサは小魚などを好む。飼育は容易だ。

分布：メコン川
体長：80cm
水温：25～27℃
水質：中性
水槽：90cm以上
エサ：人工飼料、生き餌
飼育難易度：ふつう

ブラック・ゴースト

Apteronotus albifrons

デンキウナギ亜目に属する南米産ナイフ・フィッシュの代表種で、古くから知られている。幼魚が大量に輸入されており、入手は容易。飼育は容易だが、同種同士は激しく争う。

分布：南米広域
体長：30cm
水温：25～27℃
水質：中性
水槽：60cm以上
エサ：人工飼料、生き餌
飼育難易度：ふつう

エレファントノーズ

Gnathonemus petersii

長く突き出た下顎を象の鼻に見立てたことからエレファントノーズと呼ばれる近縁種の多い古代魚類。同種、近縁種との混泳は不可。エサを切らすと痩せやすいので注意が必要。

分布：中央アフリカ
体長：20cm
水温：25～27℃
水質：弱酸性～中性
水槽：45cm以上
エサ：生き餌
飼育難易度：ふつう

プロトプテルス・ドロイ

Protopterus dolloi

小さいドジョウのような幼魚がコンスタントに輸入されるポピュラーな肺魚である。肺魚の仲間の中では細身で、さほど大型化しないこともあり成長も比較的遅め。飼育は容易。

分布：ザイール
体長：80cm
水温：25～27℃
水質：中性
水槽：120cm以上
エサ：人工飼料、生き餌
飼育難易度：ふつう

プロトプテルス・アネクテンス

Protopterus annectens annectens

1mを超えることは滅多にない中型の肺魚で、そういう意味でも飼いやすい種類。体色や柄は個体差が激しく、コレクションしたくなる。混泳はできないが、飼育は容易だ。

分布：アフリカ広域
体長：70cm
水温：25～27℃
水質：中性
水槽：90cm以上
エサ：人工飼料、生き餌
飼育難易度：ふつう

プロトプテルス・エチオピクス

Protopterus aethiopicus aethiopicus

最大で2mになる最大の肺魚だが、基亜種の輸入は少なく、コンギクス亜種が入荷の中心。きわめて丈夫で飼育も容易だが、水槽内でも1mを超える。気が荒く混泳は不可。

分布：スーダン、ザイール
体長：100cm以上　水温：25～27℃
水質：中性　水槽：150cm以上
エサ：人工飼料、生き餌　飼育難易度：ふつう

ポリプテルス・セネガルス

Polypterus senegalus

養殖個体が大量に輸入されており安価で購入できる、もっともポピュラーな古代魚のひとつで、ポリプテルスの入門種。飼育も容易で、繁殖も狙える。餌は何でもよく食べる。

分布：スーダン、セネガル
体長：40cm　水温：25～27℃
水質：中性　水槽：60cm以上
エサ：人工飼料、生き餌　飼育難易度：やさしい

ポリプテルス・オルナティピンニス

Polypterus ornatipinnis

黄色と黒のコントラストが美しい美種で、下顎が突き出ないタイプとしては最も大型になる。養殖されたものが多く輸入されているが、現地採集ものも少数ながら輸入されてくる。

分布：ザイール、タンザニア
体長：60cm　水温：25～27℃
水質：中性　水槽：60cm以上
エサ：人工飼料、生き餌　飼育難易度：ふつう

ポリプテルス・デルヘッツィ

Polypterus delhezi

古くからポピュラーなポリプテルスで、体側に入るバンド模様が特徴。模様は個体差も大きく、自分の気に入った個体を選ぶ楽しみもある。巨大化しないので、大型水槽がなくても飼育を楽しめる。

分布：ザイール　体長：40cm
水温：25～27℃　水質：中性
水槽：60cm以上　エサ：人工飼料、生き餌
飼育難易度：ふつう

ポリプテルス・エンドリケリー

Polypterus endlicheri endlicheri

下顎が突出するのが特徴。色や柄、顔つきなど採集地の違いなどによる個体差が見られる。丈夫で飼育は容易。

分布：スーダン、コートジボワール
体長：60cm
水温：25～27℃
水質：中性
水槽：90cm以上
エサ：人工飼料、生き餌
飼育難易度：ふつう

ポリプテルス・ビキール・ビキール

Polypterus bichir bichir

ポリプテルス最大種。体形、顔つき、産地によっては体色に至るまで、どこを取っても究極と言うべきポリプテルス。

分布：ナイル川
体長：80cm
水温：23～25℃
水質：中性
水槽：90cm以上
エサ：人工飼料、生き餌
飼育難易度：ふつう

オレンジスポット・淡水エイ

Potamotrygon motoro

オレンジ色のスポット模様が美しい淡水エイ。国内繁殖ものも流通しており、輸入ものよりも飼いやすく人気。

分布：アマゾン河
体長：45cm
水温：25～27℃
水質：弱酸性～中性
水槽：90cm以上
エサ：人工飼料、生き餌
飼育難易度：やや難しい

ダイヤモンド・ポルカ

Potamotrygon sp.cf.leopoldi

ダイヤモンドの名に相応しい美魚。美しい個体を親に使うことで、クオリティの高い個体が作出されている。

分布：ブラジル
体長：60cm
水温：25～27℃
水質：弱酸性～中性
水槽：120cm以上
エサ：人工飼料、生き餌
飼育難易度：難しい

ダトニオ

Datonioides pulcher

体高が高く、黄色と黒の体色を持った見栄えのする大型魚。タイ産の個体はシャムタイガーと呼ばれ珍重される。

分布：タイ、ラオス、カンボジア
体長：60cm
水温：25～27℃
水質：中性
水槽：90cm以上
エサ：人工飼料、生き餌
飼育難易度：ふつう

カラー・プロキロダス

Semaprochilodus taeniurus

背ビレが伸長し、サイズもかなり大きくなることから見応えがする。付着藻類を食べるために特化した特徴的な口を持つ。

分布：アマゾン河
体長：40cm
水温：25～27℃
水質：中性
水槽：90cm以上
エサ：人工飼料、生き餌
飼育難易度：ふつう

アルマートゥス・ペーシュカショーロ

Hydrolycus armatus

鋭い牙を持つフィッシュイーター。攻撃的な魚でなければ混泳も可能。大きく成長させるのは大型水槽が必要。餌は小魚。

分布：アマゾン河
体長：100cm以上
水温：25～27℃
水質：中性
水槽：180cm以上
エサ：生き餌
飼育難易度：やや難しい

ピラニア・ナッテリー

pygocentrus nattereri

"アマゾンの人食い魚"として誰もが知っている魚。確かに鋭い歯は持っているが意外とおとなしく、むしろ臆病な面がある。

分布：アマゾン河
体長：20cm
水温：25～27℃
水質：中性
水槽：60cm以上
エサ：生き餌
飼育難易度：ふつう

タライロン

Hoplias macrophthalmus

1mを超す大型魚で、水槽内でもゆうに60cmを超える。性質はかなり攻撃的。歯も鋭いので、混泳にはまったく向かない。

分布：シングー川
体長：100cm以上
水温：25～27℃
水質：中性
水槽：120cm以上
エサ：生き餌
飼育難易度：ふつう

ショートノーズ・クラウンテトラ

Distichodus sexfasciatus

アフリカ産のカラシンで、古くから馴染み深い観賞魚でもある。販売されているのは5cmほどの稚魚であることが多いため、その可愛さから買ってしまいがちだが、30cmを超える大きさになる上、性質は荒いので要注意だ。

分布：コンゴ川、アンゴラ
体長：45cm
水温：25～27℃
水質：弱酸性～中性
水槽：90cm以上
エサ：人工飼料、生き餌
飼育難易度：ふつう

パロット・ファイヤー 交雑品種

フラミンゴ・シクリッドとパラネートロプルス・シンスピルスの交雑によって台湾で作出された。混泳には注意が必要。

分布：改良品種
体長：20cm
水温：25～27℃
水質：中性
水槽：60cm以上
エサ：人工飼料、生き餌
飼育難易度：やさしい

オスカー

Astronotus ocellatus

南米シクリッドを代表するポピュラー種であり、観賞魚としても長い歴史を持つ魚。養殖個体が数多く輸入される。

分布：アマゾン河
体長：30cm
水温：25～27℃
水質：中性
水槽：60cm以上
エサ：人工飼料、生き餌
飼育難易度：ふつう

アイスポット・シクリッド

Cichla orinocoensi

南米最大のシクリッドとして知られる大型魚食性シクリッド。原産国の法律でワイルド個体の輸入は年々減少傾向にある。

分布：アマゾン河
体長：60cm
水温：23～25℃
水質：弱酸性
水槽：90cm以上
エサ：人工飼料、生き餌
飼育難易度：ふつう

キフォティラピア・"フロントーサ"

Cyphotilapia gibberosa

タンガニイカ湖を代表する大型シクリッド。産地による地域変異やバリエーションが知られている。

分布：タンガニイカ湖
体長：35cm
水温：25～27℃
水槽：90cm以上
エサ：人工飼料、生き餌
水質：中性～弱アルカリ性
飼育難易度：ふつう

オスフロネームス・グーラミィ

Osphronemus goramy

アナバスの仲間の最大種。東南アジアではポピュラーな食用魚で、養殖も盛んに行われている。

分布：東南アジア
体長：80cm以上
水温：25～29℃
水質：中性
水槽：120cm以上
エサ：人工飼料、生き餌
飼育難易度：ふつう

オセレイト・スネークヘッド

Channa pleurophthalma

ブルーの体色に、オレンジ色に縁取られたスポットが並ぶ美しいスネークヘッド。色や柄は成長するほど鮮やかになる。

分布：インドネシア
体長：50cm
水温：25～28℃
水質：弱酸性～中性
水槽：90cm以上
エサ：生き餌、人工飼料
飼育難易度：ふつう

レッドテール・キャット

Phractocephalus hemioliopterus

背ビレや尾ビレに赤を発色する美しい大型ナマズ。協調性が悪く、同居魚を攻撃したり、食べてしまったりする。

分布：アマゾン河
体長：100cm以上
水温：25～27℃
水質：中性
水槽：150cm以上
エサ：人工飼料、生き餌
飼育難易度：ふつう

タイガー・ショベル

Pseudoplatystoma fasciatum

虎柄模様の美しいナマズ。驚くと突進するので、吻先を潰したり、水槽を突き破ってしまうなどの事故もある。

分布：アマゾン河
体長：100cm以上
水温：25～27℃
水質：中性
水槽：150cm以上
エサ：人工飼料、生き餌
飼育難易度：ふつう

ゼブラ・キャット

Brachyplatystoma tigrinum

その美しさは大型ナマズの最高峰。攻撃的な反面、打たれ弱く、攻撃されると簡単に死んでしまう。混泳には向かない。

分布：アマゾン河上流域
体長：70cm
水温：25～27℃
水質：弱酸性～中性
水槽：120cm以上
エサ：人工飼料、生き餌
飼育難易度：やや難しい

デンキナマズ

Malapterurus electricus

発電魚として有名なナマズで、かなり強い電気を出すので、水換え時などには十分な注意が必要だ。そのため単独飼育が鉄則の魚である。飼育自体は難しくない。

分布：アフリカ
体長：40cm以上
水温：25～27℃
水質：中性
水槽：60cm以上
エサ：人工飼料、生き餌
飼育難易度：ふつう

9 水草

熱帯魚の飼育でもなくてはならない存在だが、
アクアリウムの主役となっている水草。
世界各地の美しい水草はコレクション性にも富んでいる。

ハイグロフィラ・ポリスペルマ

Hygrophila polysperma

ショップで常に見ることができる、最もポピュラーな有茎草のひとつ。とても丈夫で育生しやすく、生長したものは挿し戻しを行えばすぐに新芽を出す。ただし、二酸化炭素の量が多いと間延びしやすい。

分布：インド
水温：20～28℃
水質：弱酸性～弱アルカリ性
LED：40W
育てやすさ：やさしい

ハイグロフィラ・ロザエネルビス

Hygrophila polysperma var. "rosanervis"

ハイグロフィラ・ポリスペルマの突然変異株を固定した品種で、葉に入る斑がピンク色でとても美しい。レイアウト内に赤味が欲しい時にお勧めだ。鉄分など肥料分が不足すると葉の赤みが薄れてしまう。

分布：改良品種
水温：20℃〜28℃
水質：弱酸性〜弱アルカリ性
LED：40W
育てやすさ：やさしい

ツー・テンプル

Hygrophila angustifolia

ショップでも見る機会の多いポピュラー種で、細長い葉が特徴のハイグロフィラの仲間。ひとつの節から2枚の葉を出すためにこの名がある。二酸化炭素などの育生条件が良いと大きく生長し、見応えのある姿となる。

分布：東南アジア
水温：20〜28℃
水質：弱酸性〜弱アルカリ性
LED：40W
飼育難易度：やさしい

ウォーター・ウィステリア

Hygrophila difformis

ギザギザした葉が特徴の有茎草。育成条件によって丸葉からギザギザした切れ込みのある葉へと変化する。丈夫で初心者にも容易に育生することができるが、光量が足りないとまっすぐに生長しない。

分布：東南アジア
水温：20〜28℃
水質：弱酸性〜弱アルカリ性
LED：40W
飼育難易度：やさしい

テンプル・プラント

Hygrophila rymbosa

センタープランツとして適した、幅の広い大きな葉を持つハイグロフィラ。ライトグリーンの水中葉は柔らかく美しい。明るめの光で二酸化炭素を添加したい。

分布：東南アジア　水温：20〜28℃
水質：弱酸性〜弱アルカリ性　LED：30W
飼育難易度：やさしい

ロタラ・ロトンディフォリア

Rotala rotundifolia

細かい葉が美しい、とてもポピュラーな水草。赤が美しくレイアウトのポイントとなってくれる。安価で販売されているのは水上葉だが、育生は難しくない。二酸化炭素を添加すると美しく生長する。

分布：東南アジア　水温：20〜28℃
水質：弱酸性〜弱アルカリ性　LED：40W
飼育難易度：ふつう

グリーン・ロタラ

Rotala sp. Green

ロタラ・ロトンディフォリアのグリーン・タイプ。幅広く使用できるため、レイアウト水槽に欠かせない水草のひとつで、多くのレイアウト制作者が使用する人気種。

分布：東南アジア　水温：20〜28℃
水質：弱酸性〜弱アルカリ性　LED：40W
飼育難易度：ふつう

アマニア・グラキリス
Ammannia gracilis

赤の発色が強く、素晴らしい発色を見せるアフリカ産の美しい大型有茎草。ポピュラー種なので入手は容易。育生自体はそれほど難しくないが、CO2をしっかり添加したい。

分布：西アフリカ　水温：20〜28℃
水質：弱酸性〜中性　LED：40W
育てやすさ：ふつう

イエロー・アマニア
Nesaea pedicelata

明るいグリーンが美しい大型の有茎草。アマニア・グラキリスに比べるとやや育成は難しいようだ。ソイルを使いしっかり二酸化炭素を添加すれば育生できる。

分布：アフリカ　水温：20〜28℃
水質：弱酸性〜中性　LED：40W
育てやすさ：やや難しい

パール・グラス
Hemianthus micranthemoides

小さな葉が密に付く小型の繊細な水草で、レイアウト水槽になくてはならない人気種。明るい緑色が魅力。高光量で二酸化炭素を添加すれば育生は容易で、挿し戻せばよく殖える。

分布：北米　水温：20〜25℃
水質：弱酸性〜弱アルカリ性　LED：40W
育てやすさ：ふつう

ロタラ・マクランダ
Rotala macranda

赤系の有茎草の代表種で、ポット売りなどで売られていることが多い。水中葉は非常に柔らかく、傷つきやすいので取り扱いには気を使いたい。弱酸性の軟水で光を強めにし、二酸化炭素添加が育生のコツ。

分布：インド
水温：20〜28℃
水質：弱酸性〜中性
LED：40W
飼育難易度：やや難しい

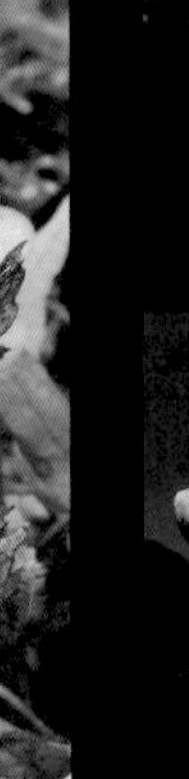

リスノシッポ
Rotala wallichii

先端がピンク色になる非常に細かい葉がとても美しい水草で、リスの尾のように見えることからこの名で親しまれているポピュラー種だ。赤を強く出すには、鉄分を含んだ液体肥料の添加が効果的である。

分布：東南アジア
水温：20〜28℃
水質：弱酸性〜中性
LED：40W
育てやすさ：やさしい

ルドウィジア・レペンス
Ludwigia repens

赤みの強い葉を出すルドウィジアの1種で、葉の色の変化が魅力的な水草だ。水質や水温の適応性が広く、育成しやすい。強光を好み、肥料も十分な環境では、赤みが強くなり、株も大型化する。

分布：北米東南部
水温：20〜28℃
水質：弱酸性〜中性
LED：30W
育てやすさ：やさしい

キューバ・パールグラス
Hemianthus callitrichoides

這うように育生するキューバ産のパール・グラスの1種で、ポットに入った状態で販売されている。育生条件がいいと生長は速く、前景に緑の絨毯を作り上げることができる。

分布：キューバ	水温：20～25℃
水質：弱酸性～中性	LED：40～60W
飼育難易度：ふつう	

バリスネリア・スピラリス
Vallisneria spiralis

とても丈夫で、初心者にもお勧めできるポピュラーな水草の1つ。レイアウトでは中景から後景に使われる。二酸化炭素を添加しなくても十分に育生でき、ランナーによって容易に殖える。

分布：全世界	水温：20～30℃
水質：弱酸性～弱アルカリ性	LED：20W
育てやすさ：やさしい	

スクリュー・バリスネリア
Vallisneria Asiatica var.biwaensis

日本の琵琶湖に分布している水草で、葉が螺旋状にネジレているのが特徴。コークスクリュー・バリスという別名もある。東南アジアで栽培された物が大量に輸入されている。

分布：日本	水温：18～30℃
水質：弱酸性～弱アルカリ性	LED：20W
育てやすさ：やさしい	

ポゴステモン・ヘルフェリー
Pogostemon helferi

自生地では流れの速い綺麗な川の岸際に密集している、独特のウエーブする葉が特徴の水草。草丈の低い水草なので、生長してもレイアウトの前景草として適している。育生はやや難しい。

分布：タイ、ミャンマー	水温：20～25℃
水質：弱酸性～中性	LED：40W
育てやすさ：やや難しい	

ブリクサ・ショートリーフ
Blyxa novoguineensis

浅場に生える水草で、レイアウト前景にも使いやすい。葉が傷みやすく、傷つくとバラバラになり傷んでしまうので注意。強光で二酸化炭素を添加した水槽では育生も容易。株分けで殖える。

分布：東南アジア	水温：20～28℃
水質：弱酸性	LED：40W
育てやすさ：ふつう	

ウォーター・バコパ
Bacopa carorlinina

育生が容易なポピュラーなバコパの仲間で、肥料分が多いとやや赤味を帯びた美しい水中葉になる。光量が不足してしまうと、下方から溶けるように枯れることがあるので注意が必要。

分布：北米	水温：20～30℃
水質：弱酸性～中性	LED：30W
育てやすさ：やさしい	

アマゾン・チドメグサ
Hydrocotyle leucocephala

やや大型になる、丸い葉が特徴の有茎草。育生は容易だが、肥料不足になり易く、液肥の添加が有効。葉が直立する性質があり、レイアウトでは前景よりも中景に向く。

分布：南米	水温：20～25℃
水質：弱酸性～弱アルカリ性	LED：40W
育てやすさ：やさしい	

ウォーター・スプライト
Ceratopteris thalictroides

日本にもヒメミズワラビ、ミズワラビという種が自生している。熱帯魚飼育に使用される水草として歴史がある。育生は容易だが、最近の物は水面に浮かすと溶けてしまう傾向がある。

分布：東南アジア　水温：20〜28℃
水質：弱酸性〜弱アルカリ性　LED：20〜30W
育てやすさ：ふつう

ピグミーチェーン・サジタリア
Sagittaria subulata var. pusilla

古くから前景草として親しまれている人気種で、水草レイアウト水槽ではとても重宝する。水質の適応力が強いので育生も比較的容易で、子株を出してよく殖えるので育生していて楽しい。

分布：北米　水温：15〜25℃
水質：弱酸性〜弱アルカリ性　LED：40W
育てやすさ：やさしい

ヘアー・グラス
Eleocharis acicularis

針のように細長い葉が特徴で、ランナーによって殖えていく。本種だけで作るレイアウトも、涼しげな水景を作製できると人気が高い。数種類あり、小型から大型に生長するものまである。

分布：世界各地　水温：15〜28℃
水質：弱酸性〜中性　LED：30W
育てやすさ：やさしい

ピグミー・マッシュルーム
Hydrocotyle vulgaris

ウォーター・マッシュルームよりも小型の、小さな丸い葉がとても可愛らしい水草。葉を密に付けることが難しく、他の前景草と組み合わせて使用すると良い。育成が容易でよく殖える。

分布：改良品種　水温：15〜25℃
水質：弱酸性〜弱アルカリ性　LED：40W
育てやすさ：ふつう

グロッソスティグマ・エラチノイデス
Glossostigma elatinoides

水草レイアウト水槽になくてはならない、最も人気の高い水草のひとつ。丸い小さな葉が底床全面を覆いつくし、緑の絨毯のように美しく繁茂する。二酸化炭素の添加がとても重要である。

分布：ニュージーランド　水温：15〜25℃
水質：弱酸性〜中性　LED：40W
育てやすさ：ふつう

ウィローモス
Taxiphyllum barbieri

育生が容易でよく殖えるため、頻繁にトリミングを行わなければならないが、流木や石などに活着できるため利用価値が高く、レイアウトにはなくてはならない存在のコケの仲間。

分布：世界各地　水温：10〜28℃
水質：弱酸性〜中性　LED：40W
育てやすさ：やさしい

南米ウィローモス
不詳

以前は高価だったが、現在では入手も容易になり価格も落ち着いた。美しく育成するには二酸化炭素の添加が有効である。ウィローモスとの違いは、先が三角形に生長していくこと。

分布：不詳　水温：10〜28℃
水質：弱酸性〜中性　LED：40W
飼育難易度：ふつう

アンブリア

Limnophila sessiliflora

ショップでも常に見られるポピュラーな水草だが、意外と育生が難しい。購入時には茎の傷みに気を付けて購入したい。特に夏場は入荷状態が悪いと、溶けるようにして枯れてしまう。

分布：東南アジア・日本　水温：15～28℃
水質：弱酸性～弱アルカリ性　LED：40W
育てやすさ：やや難しい

アナカリス

Egeria densa

金魚藻として売られている水草で、透明感があるグリーンが美しい、カボンバと並ぶポピュラー種。金魚だけでなく、熱帯魚水槽にも使われている。日本の川や湖にも帰化している。

分布：北米・日本　水温：10～28℃
水質：弱酸性～弱アルカリ性　LED：30W
育てやすさ：やさしい

マツモ

Ceratophyllum demersum

入手の容易なポピュラー種。育生も容易で、初心者にもお勧めの水草の1つ。底床に植えても良いのだが、水中に漂わせておくだけでも生長する。ある程度トリミングをすると良い。

分布：世界各地　水温：20～28℃
水質：弱酸性～弱アルカリ性　LED：40W
育てやすさ：やさしい

リシア

Riccia fluituns

本来は水面に浮いて生長するコケの仲間で、V字の明るい葉を持つ。レイアウト水槽ではウィローモスなどに絡ませて強制的に水中に沈めている。強めの光とやや多めの二酸化炭素が育成のポイント。

分布：東南アジア・日本
水温：20～25℃
水質：弱酸性～中性
LED：40W
育てやすさ：ふつう

カボンバ

Cubomba caroliniuna

観賞魚の世界で古くから知られるポピュラー種。低温に強いため近年では日本にも帰化している。金魚やメダカに使う人が多いが、熱帯魚の水草としても魅力的だ。水質は弱酸性から中性が良い。

分布：北米・日本
水温：10～28℃
水質：弱酸性～中性
LED：40W
育てやすさ：やさしい

ミクロソルム・プテロプス

Microsorum pteropus

最も育生の容易なポピュラーな水草で、流木などに活着できるため利用価値が高い。本種を含めたシダ類は高水温には弱く、夏場の高水温ではシダ病と呼ばれる病気になりやすいので要注意。

分布：東南アジア
水温：20～25℃
水質：弱酸性～中性
LED：20W
育てやすさ：やさしい

ミクロソルム・"ナローリーフ"

Microsorum pteropus var.

プテロプスとはかなり異なる印象の、細長い葉が特徴。葉数が殖えてきたら、適度にトリミングすると良いだろう。育生は難しくなく、環境が良いと見応えのある姿となる。流木などに活着できる用途の多い水草だ。

分布：東南アジア
水温：20～25℃
水質：弱酸性～中性
LED：20W
育てやすさ：ふつう

ミクロソルム・ウィンデロフ *Microsorum pteropus "windelov"*

デンマークのトロピカ社がリリースする、作出者のトロピカ社社長ウィンデロフ氏の名が付いた、突然変異株を固定した変わった草姿の品種。存在感がありレイアウトのポイントに最適。

分布：改良品種
水温：20～25℃
水質：弱酸性～中性
LED：20W
育てやすさ：ふつう

ラビットイヤー・ロートゥス *Nymphaea oxpterala*

ウサギの耳のような楕円形の葉からラビットイヤーと呼ばれる。深い切れ込みが特徴的な葉は、とても薄く取り扱いに要注意。ライトグリーンの美しい葉を出してロゼット型に生長する。

分布：南米
水温：20～28℃
水質：弱酸性～中性
LED：30W
飼育難易度：ふつう

コウホネ *Nuphar japonicum*

日本にも自生していて、北半球に広く分布するコウホネの仲間。川骨の和名もあり、由来は根茎が白くて骨のように見えるため。水上葉もスイレンのように鉢で楽しめる水草だ。

分布：日本、朝鮮半島、台湾　水温：20～25℃
水質：中性　LED：30W
飼育難易度：ふつう

ボルビティス・ヘウデロティ *Bolbitis heudelotii*

透明感のあるセロファンのような葉が美しい。以前は高価だったが、最近は手頃になっている。アフリカをイメージしたレイアウトには欠かせない水草。育生は容易だ。

分布：西アフリカ　水温：20～28℃
水質：弱酸性　LED：20～30W
飼育難易度：やさしい

アヌビアス・バルテリー *Anubiasu barteri var.barteri*

比較的大型に生長するアヌビアス。生長が遅いため強光下ではコケに侵されやすいので要注意。予防としてエビなどを入れておくとよいだろう。底床はソイル系より大磯砂が適している。

分布：西アフリカ　水温：20～30℃
水質：弱酸性～弱アルカリ性　LED：20～30W
飼育難易度：やさしい

アヌビアス・ナナ *Anubias barteri var.nana*

とても古くから親しまれている水草の代表種で、現在でもその人気は変わらない。流木などに活着させることも可能なので幅広い使用ができ、丈夫でよく殖えるのも人気の要因である。

分布：西アフリカ　水温：20～30℃
水質：弱酸性～弱アルカリ性　LED：20～30W
飼育難易度：やさしい

アヌビアス・ナナ"プチ" *Anubias barteri var.nana*

前種のアヌビアス・ナナを小型化した改良品種。普通種と同様に流木や石などに活着できるのも扱いやすい。生長が遅いため、コケに侵されやすいので注意が必要だ。

分布：改良品種　水温：20～30℃
水質：弱酸性～弱アルカリ性　LED：20～30W
育てやすさ：やさしい

アマゾン・ソード *Echinodorus amazonicus*

ロゼット型の水草の代表種にして、熱帯魚界を代表する水草。葉数が多く大型に生長するエキノドルスなので、センタープランツとして大型レイアウトの主役として最適。

分布：南米　水温：20～28℃
水質：弱酸性　LED：30W
育てやすさ：やさしい

エキノドルス・ウルグアイエンシス *Echinodorus urguaiensis*

細葉のエキノドルスで、緑色が美しく人気が高い。高さのある水槽で生長すると葉の枚数が多くなってボリュームが増す。大型レイアウト水槽のセンタープランツとして使用すると存在感を見せてくれる。

分布：南米
水温：20～28℃
水質：弱酸性～中性
LED：40～60W
育てやすさ：やさしい

エキノドルス・バーシー *Echinodorus osiris "barthii"*

ルビンと共にポピュラーなエキノドルスの改良品種。金属光沢のある色彩が特徴。今日では本種をベースに様々な改良品種が作出されている。育成は容易であるが、やはり移植には弱い面があるので気をつけたい。

分布：南米
水温：20～28℃
水質：弱酸性
LED：30W
飼育難易度：やさしい

クリプトコリネ・ウェンティー"グリーン" *Cryptocoryne wendtii Green*

あまり大型化しないのでレイアウトにも使いやすく人気が高い。植えた直後は、一時的に溶けてしまうことが多いが育生は容易で、CO2が添加されていない水槽でも育てられる。

分布：スリランカ
水温：20～25℃
水質：弱酸性～中性
LED：20W
育てやすさ：やさしい

クリプトコリネ・ウェンティー"トロピカ" *Cryptocoryne wendtii var.*

デンマークのトロピカ社が作出したウェンティー種の改良品種で、人気の高いクリプトコリネのポピュラー種。葉の凹凸は水中葉でも同じように見られる。とても丈夫で育てやすい。

分布：改良品種
水温：20～28℃
水質：弱酸性～中性
LED：20～30W
育てやすさ：やさしい

クリプトコリネ・ペッチー *Cryptocoryne petchii*

細い葉が特徴のクリプトコリネで、ウェンティー種と並んで人気の高いポピュラー種。水質の急変を嫌うが、育生は比較的容易。他のクリプトコリネとは違って水質は中性を好む。

分布：スリランカ
水温：20～25℃
水質：中性
LED：20W
育てやすさ：やさしい

クリプトコリネ・バランサエ *Cryptocoryne crispatula var.balansae*

タイからミャンマーに分布する、比較的大型になるクリプトコリネ。緑色から茶色の、細長く凹凸のある個性的な葉が特徴。育生は難しくなく、ソイルを使用してやや光を強くする。

分布：タイ、ミャンマー
水温：20～25℃
水質：弱酸性
LED：20～30W
飼育難易度：ふつう

アマゾン・フロッグビット *Limnobium laevigatum*

アメリカの熱帯域から南米に分布する、とてもポピュラーな浮き草の仲間。泡巣を作る魚の飼育などに使用すると良いだろう。レイアウトに多く使うと、光を遮ってしまうので要注意だ。

分布：アメリカ熱帯域
水温：20～25℃
水質：弱酸性～弱アルカリ性
LED：30W
飼育難易度：やさしい

オオサンショウモ *Salvinia auriculata*

浮き草としてポピュラーなサルビニアの仲間。一般的なLEDで十分育生が可能で、分岐して殖えていく。殖えてしまうと水槽内に光が行き届かなくなるので、ある程度の間引きが必要。

分布：アメリカ熱帯域
水温：20～25℃
水質：弱酸性～弱アルカリ性
LED：30W
飼育難易度：やさしい

オススメしたい！

厳選！ アクアリウムショップ

埼玉県川口市

Aqua grass アクアグラス

プロレイアウターが主宰するショップ

Aqua grass
アクアグラス

元ADAのレイアウターである越智オーナーが手がける、埼玉県川口市のアクアリウムショップ。初心者でもレイアウトできる水槽から、プロ仕様の水槽まで様々なニーズに対応している。ADA商品の品揃えも豊富なので、色々とアドバイスしてもらえるのが嬉しい。

【住所】〒333-0802
埼玉県川口市戸塚東3-28-14
Front field 1-A
【電話番号】048-287-3075
【営業時間】11:00〜20:00
【定休日】火曜日、第1第3水曜日
@aquagrass_ochi
@Aquagrass_ochi

Breath
ブレス

茨城県つくば市にあるアクアリウムショップ。美しいレイアウト水槽からメダカまで、多くの美しい魚と水草が出迎えてくれる。オーナーの吉原氏はグラスアクアリウムの制作にも定評があり、数々の雑誌で紹介されている。

【住所】〒305-0056
茨城県つくば市松野木
99-38-102
【電話番号】029-836-3293
【営業時間】12:00〜20:00
【定休日】月曜日、水曜日
HP http://www.aqua-breath.com/
@ aquariumshop.breath

Cakumi

カクミ

東京都渋谷区にあるCakumiは、小型美魚から爬虫両生類まで魅力的な生物を取り揃えている。オーナーは世界中の小型美魚はもちろん、卵胎生メダカのスペシャリスト。もっと色々な魚を飼育してみたいのなら、足を運んで見て欲しい。初めて見る美しい魚に出会えるはずだ。

【住所】〒151-0073
東京都渋谷区笹塚1-34-13
【電話番号】03-3468-6056
【営業時間】平日14:00～22:00、
土日祝日 14:00～21:00
【定休日】火曜日、水曜日
HP https://ameblo.jp/strix-pockey/
f https://www.facebook.com/Cakumi

熱帯魚＆水草 INDEX

1 メダカの仲間

2 カラシンの仲間

3 コイ・ドジョウの仲間

4 シクリッドの仲間

5 アナバスの仲間

6 ナマズの仲間

7 レインボーフィッシュ・その他の仲間

8 古代魚・大型魚の仲間

9 水草

はじめての アクアリウム

～熱帯魚の育て方と水草のレイアウト～

著　者　佐々木浩之
編集人　佐藤広野
発行人　相澤 晃

発　行　株式会社コスミック出版
〒154-0002　東京都世田谷区下馬6-15-4
TEL：03-5432-7081
FAX：03-5432-7088
振替口座：00110-8-611382
http://www.cosmicpub.com/

印刷・製本　大日本印刷株式会社

お問い合わせ　編集：03-5432-7086
販売：03-5432-7084

ISBN 978-4-7747-9228-6 C2077

Special thanks

[レイアウト製作協力]
越智隼人 Aqua grass
吉原将史 Breath

[機材協力]
GEX

[撮影協力]
Aqua grass
Breath
Cakumi
ジャパンペットコミュニケーションズ
神畑養魚株式会社
JUN
AIネット
東山動物園 世界のメダカ館
下関市立しものせき水族館 海響館
AQUASHOP つきみ堂
チャーム
アクアセノーテ
グリーンアクアリウム マルヤマ
フィードオン
ピクタ
フィッシュメイトフォーチュン
マーメイド
あくあしょっぷ石と泉
永代熱帯魚
まっかちん
名東水園リミックス
アクアフォーチュン
アクアテーラーズ
藤川清
戸津健治
小林圭介
高井誠